农药发展的历史是农学家和化学家围绕农业生产和生存安全实际需求，不断总结经验，推动农药科学迭代进步的过程。农药离我们的日常生活如此之近，因此科学、客观的了解农药非常重要。这是一本从科学视角看农药的科普读物，我相信读者朋友通过本书，对农药有一个全新的认知。

中国科学院院士 | 姚建年
中国化学会理事长

农药是农业生产中不可或缺的基本生产资料，为农业丰产增效做出了不可磨灭的贡献。但由于各种原因，关于农药的各种误解甚至是错误的观点被广为流传，这不仅不利于农药自身的发展，对农业的发展也是极为不利的。这是一本语言通俗的农药科普书籍，令人耳目一新，相信它会让你对农药有一个科学的、客观的了解。

中国工程院院士 | 陈剑平
中国植物保护学会理事长

话说农药，似乎人人都是专家，都有经验，恨不能一吐为快，殊不知这极易落入一个典型性认知缺陷的陷阱，而本书正是为可能跌倒的人们提供一个预先提醒。

中国工程院院士 | 钱旭红
华东师范大学校长

U0376465

《寂静的春天》对滥用农药提出了尖锐但过头的批评，美国EPA采用务实的态度，强化农药管理，促进了绿色农药的发展。没有农药护航，用中国碗盛中国粮食是难以实现的。污名化农药不可取，重要的是加强农药管理，管控农药的生产和使用。

这本书值得大家读一读！

中国农业大学教授 | 陈万义

民以食为天，食以安为先。农药的生产和使用关系到粮食安全、食品安全和生态环境安全。正确认识农药，科学合理使用农药，才能回归农药的本质。阅读《话说农药：魔鬼还是天使？》，你一定会对农药有一个全新的认识。

中国农药工业协会

农业是国民经济的基础，老百姓的一日三餐都离不开农产品，而农药是农业生产过程中离不开的一种投入品。有人说它是天使，也有人说它是魔鬼。究竟是魔鬼还是天使，相信你读完这本书之后，答案自会揭晓。

中国农药发展与应用协会

话说农药

魔鬼
还是
天使
？

杨光富　宋宝安　主编

全国百佳图书出版单位

化学工业出版社

·北京·

内 容 简 介

本书以全彩、问答的形式，分概念篇、管理篇、安全篇、生活篇及故事篇五篇共 81 个问题，生动形象地讲述了就在我们身边的与农药相关的知识和热点话题，希望通过对社会热点事件的关注与剖析，对与实际生活密切相关的一些问题的描述，来普及农药的基本知识，引导人们正确认识农药，消除对农药的偏见，塑造社会公众对农药的科学认知。

本书具有很强的原创性、科学性与科普性，适合广大城镇居民、科普爱好者阅读，也适合从事农药及植保等相关研究与应用的人员、高校相关专业师生参考。

图书在版编目（CIP）数据

话说农药：魔鬼还是天使? /杨光富，宋宝安主编. —北京：化学工业出版社，2022.12（2023.11重印）
ISBN 978-7-122-42639-0

Ⅰ.①话 …Ⅱ.①杨 … ②宋 … Ⅲ.①农药–问题解答 Ⅳ.①S482-44

中国版本图书馆CIP数据核字（2022）第234191号

责任编辑：刘　军　　　　　文字编辑：李娇娇
责任校对：王　静　　　　　装帧设计：尹琳琳

出版发行：化学工业出版社（北京市东城区青年湖南街 13 号
　　　　　邮政编码 100011）
印　　装：中煤（北京）印务有限公司
710mm×1000mm　1/16　印张 $14^1/_2$　字数　178 千字
2023 年 11 月北京第 1 版第 4 次印刷

购书咨询：010-64518888　　售后服务：010-64518899
网　　址：http://www.cip.com.cn
凡购买本书，如有缺损质量问题，本社销售中心负责调换。

定　　价：48.00 元　　　　　版权所有　违者必究

谨以此书献礼：
中国化学会 90 华诞
中国化工学会 100 周年华诞

　　科学技术的发展推动了社会的进步，也极大地提高了人们的生活水平和生活质量。与此同时，也要求我们要及时地普及科学知识、弘扬科学精神、营造社会的科学氛围，提高全民的科学素质。党的十八大提出实施创新驱动发展战略，强调科技创新是提高社会生产力和综合国力的战略支撑，必须摆在国家发展全局的核心位置。新技术、新方法、新手段将会不断涌现，及时正确地宣传科学信息就显得尤其重要。特别是目前各种网络平台、自媒体鱼龙混杂，它们传递给人们的信息有时是似是而非的，更有甚者以讹传讹从而混淆视听。因此，撰写科普书籍，开展科普知识的宣传和普及，正确回答人们的疑惑，解开人们的误解是科学家们义不容辞的责任。

　　农业是国民经济的基础，特别是对于我们这样一个拥有十四亿人口的国家，吃饭问题始终是治国理政的头等大事。改革开放以来，农业科学技术的突飞猛进改变了每一个家庭的生活，我们不仅吃得饱，而且还能吃得好了。高产稳产的粮食、抗虫长绒的棉花、四季新鲜的蔬菜水果，都是农业科学技术的成果，这其中也离不开新农药的贡献。传统的农药也正在被越来越多的高效、低毒、环境友好的现代农药替代，新时代的农药不仅要让使用的人能够正确了解，也要让全社会去正确了解，毕竟它关系到千家万户。

　　我曾经从事过国家自然科学基金的管理工作，农药基础研究一直是基金支持的重点。杨光富和宋宝安是两位我国长期从事新农药研究的科学家，他们合作编写的《话说农药：魔鬼还是天使？》是一本难得的农药科普书籍，用通俗的语言和回答问题的方式讲述了涉及农药的一系列问题。全书分为五个篇章，既有农药的发展历程和一般知识，也有关于农药的国家管理政策和日常生活中碰到的问题，书中还介绍了我国农药科学家研究农药过程中的小故事。我相信，这本书的出版能够帮助更多人正确了解农药、科学使用农药。

中国科学院院士，北京大学教授

2022 年 10 月 16 日

《话说农药：魔鬼还是天使？》即将付梓。当我拿到这本书的交印稿时，我不由得回忆起与光富和宝安二位教授相识的过程。

认识光富教授是在 2005 年的教育部科学技术委员会化学化工学部会议上，那时我担任化学化工学部主任。光富是我们学部当时最年轻的委员，每次开会我都请他担任秘书工作，他热心工作，认真负责，每次都能够出色地完成任务。后来，我担任了华中师范大学农药与化学生物学教育部重点实验室的学术委员会主任，每年都去他们学校参加学术活动，对农药的了解也就慢慢多了起来。宋宝安院士也是农药与化学生物学教育部重点实验室的学术委员会委员，自然也就慢慢熟悉了。与二位教授相识以来，我切身感受到他们对我国农药科学事业的热爱和执着，亲历了他们所在学科的日新月异的发展，也见证了他们所取得的突出成就。特别是，他们自主创制的绿色农药已经服务于我国农业生产，取得了很好的效果，深感欣慰！

"民以食为天！"人类要生存，首先要吃饱饭。从某种意义上来讲，植物是食物之源。人类需要从植物获取粮食，自然界的其他生物也需要依赖植物生存。那些与人类从植物上争夺粮食的生物，我们称之为有害生物，俗称害虫，保护植物、杀灭害虫的物质被称为农药。所以，人类的生存史也可以看成是一部与害虫作斗争的历史。在这场斗争中，农药就成为了人类不可或缺的武器。当然，随着人类社会的不断发展和科学技术的不断进步，人类的认知也不断提升，农药的内涵也必然随之发生改变。但不管如何改变，在可预见的很长时期内，人类仍然是需要农药的。特别是在后疫情时代，世界面临百年未有之大变局的背景下，粮食安全在保障国家安全中的基础性地位更加凸显，而农药在保障粮食安全方面发挥着不可替代的作用。

通读了《话说农药：魔鬼还是天使？》后，感觉这是一本有重要意义的、高质量的科普书籍。这本书分成概念、管理、安全、生活、故事等五篇，内容既丰富又贴近生活，取材很有特色，语言通俗易懂。特别是，针对一些热点事件以及社会上广为流传的一些观点进行了深入浅出的剖析，给人一种耳目一新的感觉，大大拓展了人们的知识视野和判断能力。在故事篇中还介绍了农药的发展历史以及我国农药科技和农药工业的发展现状，可以说是从一个特定的角度反映出我国经济社会发展的一个缩影。阅读后在钦佩我国老一辈农药科学家艰苦创业精神的同时，对新生代农药科学家勇攀高峰的锐气进取精神尤感欣慰。

我相信读完这本书，一定能够使人对农药有一个更全面的、更客观的认识，它的出版对推动我国农药科技事业的健康发展有重要的意义。

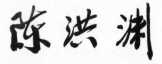

中国科学院院士，南京大学教授

2022 年 10 月 26 日

　　"民以食为天"。在人类与有害生物作斗争的过程中，农药为保障粮食丰收发挥了不可替代的作用。与此同时，农药自身也随着时代的变迁而不断发展变化，从远古时代使用嘉草、莽草、牡菊、蜃炭灰等天然物质进行杀虫，发展到现代农业中广泛使用的高效、低毒、低残留的绿色农药。然而，部分社会公众对农药的认知仍然停留在传统高毒农药时代。特别是近十多年来，因滥用高毒农药造成的"毒生姜""毒豇豆""毒韭菜"等一系列食品安全事件，使得社会公众几乎"谈农药色变"，一些关于农药的错误观点被广泛传播，甚至被无限放大。特别是，几年前的一篇网文《怎么才能拯救浸泡在农药里的中国》掀起轩然大波，这篇文章采用了大量违背事实和违反科学常识的、"骇人听闻的"数据将农药乃至农业生产的整个行业推上了舆论的风口浪尖。更有甚者，一些不法商人以"不使用农药的原生态农产品"为噱头谋取暴利。由此可见，社会公众对农药的误解不仅对农药科技、农药工业和农业生产造成了不利影响，而且给我国的粮食安全和食品供给带来了严重干扰。

　　正是基于以上考虑，在中国化学会和中国化工学会的大力支持下，我们决定编写一部科普书籍《话说农药：魔鬼还是天使？》，并获得了化学工业出版社的大力支持。我们深知，这是一项十分艰巨的任务。一方面，农药是一门涉及多学科知识的交叉学科，知识面非常广，如何用通俗易懂的语言把农药科学的基本知识讲清楚，并且使其能够被社会公众理解接受，并不是一件容易的事。另一方面，农药是与人民群众日常生活密切相关的一类物资，"农药等于毒物""有农药残留的农产品是不安全的""农业生产可以不使用农药"等一些错误认知在很多人的头脑中已根深蒂固，要使他们认识到这些认知是非科学的、片面的，甚至是错误的，任务之艰巨犹如愚公移山！尽管如此，我们还是决定进行一次大胆的尝试。

经过多次反复讨论，我们确定了本书的编写原则：在编写体系方面，从社会公众最关心的问题着手，以问答的方式进行展开；在知识传播方面，既要普及有关农药科学的一些基本知识和概念，也要体现农药科学的发展历史、现状以及未来趋势；在内容的选取上，既关注我国农业生产实际中的具体问题，也注意与发达国家的农药管理与使用情况进行比较，既关注对社会热点事件的剖析，也注意通过对与实际生活密切相关的一些问题的描述，来普及农药的基本知识，塑造社会公众对农药的科学认知。

按照以上编写思路，全书共分五篇。第一篇为概念篇，主要介绍农药的基本概念，特别是社会公众最关心的内容，如什么样的农药可以称为绿色农药，生物农药和生物源农药是一回事吗，什么是农药残留，什么是纳米农药，转基因作物与农药，农药研发与医药研发的异同等；第二篇为管理篇，主要介绍我国农药的管理体制、法律法规、农药登记管理、农药残留限量标准等，并与发达国家进行对比；第三篇为安全篇，主要介绍农药的毒性，对"毒韭菜""毒茶叶""毒生姜"等与农药相关的代表性食品安全事件进行剖析；第四篇为生活篇，主要围绕社会公众关心的问题如绿色食品和有机农产品是否真的不使用农药、农药残留检测等进行介绍，并对主要农作物的常见病虫害及其防治进行简单介绍；第五篇为故事篇，主要介绍农药的发展历史，我国农药科技和农药工业的发展现状，特别是我国自主创制的农药如井冈霉素、多菌灵、毒氟磷、乙唑螨腈、喹草酮等的研发故事。与此同时，还介绍了我国老一辈农药科学家杨石先先生等人的事迹。

本书由杨光富和宋宝安共同主编。参与编写的人员还有：骆焱平、毕超、袁善奎、吴剑等。全书插图由袁蒙蒙负责组织完成。此外，在编写过程中，中国农业大学资深教授陈万义先生、北京大学张礼和院士、南京大学陈洪渊院士、中国科学院化学研究所姚建年院士、宁波大学陈剑平院士、华东师范大学钱旭红院士，以及中国化学会、中国化工学会、中国农药工业协会、中国农药发展与应用协会、中国植物保护学会等给予了极大的鼓励，各位专家也提出了宝贵的建议，张礼和先生和陈洪渊先生欣然为本书作序，在此一并表示最诚挚的感谢。

由于编者水平有限，书中疏漏与不当之处在所难免，恳请读者批评指正！

编者

2022 年 8 月 18 日

目录

管理篇

安全篇

生活篇

故事篇

农药的首要任务是保护农作物的生产安全，确保农业丰产增收。

概念篇

1. 什么是农药?

按《中国农业百科全书·农药卷》的定义,农药(pesticides)是指用来防治危害农林牧业生产的有害生物(害虫、害螨、线虫、病原菌、杂草及鼠类等)和调节植物生长的化学药品。《国际农药管理行为守则》(2014 版)对农药的定义:用于驱避、消灭或控制任何有害生物或调节植物生长的任何物质或几种物质的混合物。

农药的定义和内涵在不同的时代、国家和地区有所差异。在古代,农药主要指天然的植物性、动物性、矿物性物质;而近代主要是指天然的或者人工合成的化学品或生物制品,也包含一些活体生物。

国务院于 2017 年颁发的《农药管理条例》第二条对农药进行了定义:农药是指用于预防、控制危害农业、林业的病、虫、草、鼠和其他有害生物以及有目的地调节植物、昆虫生长的化学合成或者来源于生物、其他天然物质的一种物质或者几种物质的混合物及其制剂。

农药的首要任务是保护农作物的生产安全，确保农业丰产增收。除了用于农业生产之外，农药在非农业领域也具有十分广泛的用途，如林业管理、公共健康、住宅维护、木材防腐、草坪防护、道路养护等领域，都需要使用农药。

2. 什么样的农药可以称为绿色农药？

绿色农药的概念是由我国学者在 2002 年召开的第 188 次香山科学会议上首次提出来的。绿色代表着无公害、环境友好，绿色农药是指对有害生物具有很高的生物活性，但对人畜、天敌生物、非靶标生物以及农作物安全；在环境中易分解、无蓄积，在农作物及环境中低残留或无残留，通过绿色生产工艺生产的农药。

与有机氯农药、有机磷等传统农药相比，绿色农药具有如下典型特征：

（1）生物活性高。传统农药的亩（1 亩 =666.7m^2）用量通常在几十克、几百克甚至几千克，而绿色农药的亩用量通常小于等于 10g，甚至 1g 以下。打个比方，绿色农药的亩用量相当于将 1 瓶 250mL 的矿泉水（重约 250g）均匀地洒到至少 2.33 个标准足球场上（1个标准足球场的面积大约是 10.72 亩）。

（2）对人类和哺乳动物的毒性低，无"三致"（致癌、致畸、致突变）毒性，无致敏作用。LD$_{50}$ 值是衡量化学品急性毒性的指标，其值越大，表明其急性毒性越小。按照化学品毒性分类标准，LD$_{50}$值大于 2000mg/kg 的化学品属于低毒，而绿色农药的大鼠急性经口 LD$_{50}$ 值通常都大于 2000mg/kg，很多情况下甚至大于 5000mg/kg。要知道，我们每天离不开的食盐，其大鼠急性经口 LD$_{50}$ 值大约为 3000mg/kg，含氟牙膏的大鼠急性经口 LD$_{50}$ 值大约为 250mg/kg。这说明，绿色农药的急性毒性是非常低的。

（3）环境相容性好。绿色农药对环境有益生物（如蜂、鸟、鱼、蚕、蚯蚓等）的安全风险可控，对地下水影响小，在环境（包括土壤、大气、水体等）中易降解，降解产物安全无害。

（4）农作物残留低。绿色农药在农作物上应用后，在作物收获前可以被降解为安全无害的降解产物，残留量低，对食用者安全。

　　绿色农药的概念已经得到广泛认同。2015年，农业部颁布的《到2020年农药使用量零增长行动方案》指出，要大力推广高效低毒低残留的绿色农药，逐步淘汰传统高毒农药。由此可见，绿色农药已成为农药科学的未来发展趋势，科学家们正在不断创制出性能更优异、更经济的绿色农药，来满足农业生产的需要。

3. 农药有哪些类型?

农药的分类方式有很多,既可以按照防治对象进行分类,又可以按照作用方式进行分类,还可以按照来源进行分类,或者按照有效成分的化学结构类型进行分类等。人们最熟悉的分类方式是按照防治对象进行分类,如杀虫剂(含杀螨剂)、杀菌剂(含抗病毒剂)、除草剂、杀鼠剂、植物生长调节剂、杀线虫剂、杀软体动物剂等。其中,最常见的是杀虫剂、杀菌剂和除草剂。

杀虫剂是指用于防治农业害虫的一种药剂。大家比较熟悉的滴滴涕(DDT)、六六六、甲胺磷等都属于杀虫剂,是早期研发的有机氯和有机磷类高毒农药,现在已经淘汰并被禁止生产和使用。此外,日常生活中用来防治蚊虫和蟑螂的卫生产品也属于杀虫剂,也是按照农药进行管理的,其活性成分主要是毒性极低的拟除虫菊酯类杀虫剂,对人类非常安全。

杀菌剂是用于防治各类病原微生物(包括细菌、真菌和病毒等)的药剂的总称。按照作用方式的不同,杀菌剂又可以分为保护性杀菌剂和治疗性杀菌剂。在病原菌尚未接触到寄主或侵入寄主之前,将药剂施于寄主植物可能受害的部位,以保护或防御农作物不受病菌侵袭,这类药剂被称为保护性杀菌剂。当病原菌侵入农作物或农作物感病后,施用后能抑制病原菌继续萌发或能杀灭病原菌的药剂称为治疗性杀菌剂。

除草剂是指用来控制农田中杂草生长或直接杀灭杂草的药剂,通常可以分为选择性除草剂和灭生性除草剂两大类。选择性除草剂是指在一定的剂量范围内,可以有效控制或杀灭杂草,但对农作物安全的一类药剂,通俗地说,能够实现"草死苗活"的就是选择性除草剂,如 2,4-滴。灭生性除草剂是指在杂草和农作物之间没有选择性,施用药剂后，所有接触到药剂的植物均被杀死。灭生性除草剂通常应用于公路、铁路以及林业等非耕地除草，如草甘膦、草铵膦、百草枯、敌草快等。

4. 生物农药和生物源农药是一回事吗？

尽管只有一字之差，但生物农药和生物源农药的含义和范畴是大不一样的。

生物农药是指直接利用活体生物（包括天敌昆虫、天敌微生物或病毒以及转基因生物等）防治农业有害生物的制剂。例如，由于赤眼蜂是一种寄生性昆虫，所以人们用它来防治玉米螟虫、水稻螟虫、松毛虫等农业害虫。作为农药登记的赤眼蜂产品有很多种，世界各国都有。另外，苏云金杆菌（简称Bt）是世界上应用最为广泛、用量最大、效果最好的微生物杀虫剂，具有专一、高效和对人畜安全等优点。Bt制剂已达100多种。转基因植物也属于生物农药的范畴，如转Bt棉花、转Bt马铃薯、转Bt玉米等。美国把转基因植物纳入农药进行管理。

赤眼蜂，已成功地用来防治各种鳞翅目农业害虫

化学式：$C_{10}H_{14}N_2$

生物源农药是指利用生物资源开发的农药，往往也被称为生物化学农药。生物源农药又可以分为植物源农药、微生物农药和其他生物源农药三大类，主要包括：一是直接提取生物体产生的天然活性物质将其加工成为农药，如从烟草中提取的烟碱、从豆科植物中提取的鱼藤酮、从植物中提取的苦皮藤等；二是鉴定了生物体产生的天然活性物质的化学结构后，利用人工合成的方法生产的农药，如人工合成的昆虫信息素等；三是以天然活性物质为先导化合物，通过结构优化和衍生而开发出来的农药，市场上很多农药都是通过这种方式开发出来的。例如，利用天然除虫菊素衍生开发出的拟除虫菊酯类杀虫剂、利用毒扁豆碱衍生开发出的氨基甲酸酯类杀虫剂、利用天然的沙蚕毒素衍生开发出的杀螟丹和杀虫双，以及利用从蘑菇中分离的天然产物衍生开发出的杀菌剂嘧菌酯、利用植物天然产物衍生开发出的除草剂硝磺草酮等。

从上述定义可以看出，无论是生物农药，还是生物源农药，都属于绿色农药，都具有对哺乳动物低毒、使用较安全以及环境相容性好、对天敌及有益生物的影响小、在自然界中易降解等特点。但是生物农药往往具有很高的专一性，其防治谱较窄，而且速效性往往比较差，发挥作用的速度比较缓慢，无法应用于应急性防控。

5. 生物农药真的能完全替代化学农药吗?

从严格定义来讲，生物农药是指用来防治农业有害生物的活体生物制剂。但通常情况下，人们常说的生物农药是指更广义的生物农药，包括活体生物制剂和生物源农药。本处所指的生物农药是广义上的生物农药。

很多人认为，与化学合成农药相比，生物农药似乎更加"天然"，也更加"安全"，应该用生物农药完全替代化学农药。那么，生物农药真的可以完全替代化学农药吗?

有一个很形象的比喻可以比较准确地描述生物农药和化学农药的关系。生物农药好比"和事佬"，可以使环境中有害生物和作物之间达到某种"和谐"，实现"有虫不危害、有病不成灾"，从而在环境与经济损失之间达到一个平衡。化学农药就好比"救火队"，当发生病虫害时，能迅速发挥作用挽回经济损失，特别是暴发重大病虫害或生物入侵时，化学农药可以发挥立竿见影的作用。

在未来很长一段时期内，生物农药主要是作为化学农药的重要补充，还无法全面取代化学农药，主要有以下几方面的原因：一是生物农药起效缓慢，药效不稳定，容易受环境因素的影响；二是生物农药的价格高，使用技术复杂，很多农作物尤其是大宗粮食作物生产无法承受；三是生物农药的作用谱窄，现有品种不能完全覆盖农业生产中的重要病虫害。

事实上，由于生物农药生产方式的特殊性，生物农药产品中的杂质和次要成分更加复杂，人们对生物农药的安全性评价和环境行为研究远没有化学农药研究得深入。加拿大的一位科学家曾经比较了两种生物农药、两种传统化学农药、两种绿色化学农药的杀虫活性以及它们对环境的影响，结果发现，相较于传统的化学农药，生物农药确实对环境的影响较小；但对于绿色化学农药，二者对环境的影响基本一致，甚至绿色化学农药更安全；在杀虫活性方面，化学农药的优势更加明显，绿色化学农药的用量更低。

生物农药和化学农药本质上都是化学物质，生物农药的发展离不开化学手段，如果认为生物农药是绝对的"无毒""无公害"，这是不科学的，更是一种欺骗公众的行为。事实上，生物农药并非都是低毒的，如阿维菌素、烟碱等属于高毒农药，植物源农药鱼藤酮对水生动物毒性高，特别是对鱼类高毒。在有害生物防治上，未来化学农药和生物农药将会共同发展，各取所长，相互弥补，充分发挥各自的优点，"各美其美、美美与共"，共同助力病虫害防控和农业绿色发展。

6. 什么是农药每日允许摄入量？

每日允许摄入量（acceptable daily intake，ADI）指人类终生每日摄入某种物质（可以是食品添加剂、化学物质或农药等），而不产生可检测到的危害健康的估计量，以每千克体重可摄入的量表示，单位为 mg/kg 体重。意思就是，在此剂量下，终生摄入该物质不会对其健康造成任何可测量出的危害。ADI 值越高，说明该物质的毒性越低。我国食盐中添加的抗结剂亚铁氰化钾的 ADI 值为 0.025mg/kg 体重，按照该值计算，一名体重 60kg 的成人每日的摄入量只要不超过 1.5mg，就不会对健康造成危害。我国规定食盐中亚铁氰化钾的添加量为 10mg/kg，按照成人每天最多食用 10g 食盐计算，每天摄入的亚铁氰化钾的量为 0.1mg，远低于 1.5mg，属于安全剂量。

农药的每日允许摄入量是科学评价农药对人类的健康风险，保证农产品质量安全和人民群众身体健康的重要指标。例如，阿维菌素的 ADI 值为 0.001mg/kg 体重，百草枯的 ADI 值为 0.005mg/kg 体重，植物源农药苦参碱的 ADI 值为 0.1mg/kg 体重，而近年来新开发的绿色杀虫剂氯虫苯甲酰胺的 ADI 值高达 2mg/kg 体重。与食盐中添加的亚铁氰化钾和植物源农药苦参碱相比，绿色农药氯虫苯甲酰胺的 ADI 值更高，也就意味着更安全。

NY/T 2874—2015《农药每日允许摄入量》为中华人民共和国农业行业标准，该标准列出了 554 种农药每日允许摄入量。2021 年 3 月，农业农村部等发布了 GB 2763—2021《食品安全国家标准 食品中农药最大残留限量》国家标准，该标准包含了我国统一规定的食品中的农药每日允许摄入量，根据农药每日允许摄入量具体数值，大家对常用农药对人体健康的影响就有了更好的了解。

7. 什么是农药残留？
影响农药残留的因素有哪些？

我们在日常生活中，经常会听到"农药残留"这个词。那究竟什么是农药残留呢？农药残留是农药使用后一个时期内没有被分解而残留于生物体、农产品、环境（土壤、水体、大气）中的微量农药原型、有毒代谢物、降解物和其他转化物的总称。

农药残留是施药后的必然结果，但如果超过了最大残留限量，则会对人畜或其他生物产生不良影响，这种影响被称之为农药残留毒性。所谓农药最大残留限量指在农畜产品中农药残留的法定最高允许浓度，是根据毒理学、膳食结构和田间残留试验等三方面的因素进行制定的。

那么，影响农药残留的因素主要有哪些呢？

首先，与农药自身的物理化学性质有关。对于性质不稳定、蒸气压低、易挥发的农药，由于其快速分解和挥发，在农产品中的残留量往往很低；多数农药脂溶性强，易沉积在作物的蜡质层，这一类农药的残留主要集中在农产品的表皮上；而对于水溶性强、具有内吸性的农药，可以被作物通过根系、茎叶吸收进入农产品的内部组织，故而残留会相对高一些。

其次，与作物本身的种类有关。生长期短的蔬菜、水果，由于农药在这些农产品体内的代谢时间短，因此其农药残留往往高于生长期比较长的粮油类作物；表面积大的叶类蔬菜，由于接触农药原始沉积量大，其农药残留较其他根茎类农产品高一些。

最后，与农药使用的环境、使用频率和施药时期有关。对于温室大棚条件下生产的农产品，由于密闭弱光的环境不利于农药的降解，因此，其农产品农药残留往往比露地生产的农产品要高一些。有的作物（如蔬菜、水果等）在一个生长周期内，需要多次施药；

而有的作物（如粮食作物）在一个生长周期内，只需要一次施药。需要多次施药的农产品其农药残留必然比只需一次施药的农产品农药残留高。此外，施药时期尤其是最后一次施药距离收获的间隔天数越长，施用在作物上的农药被代谢分解越充分，作物上的残留量也就越低。

8. 什么是害虫的抗药性？

　　世界卫生组织（WHO）将害虫的抗药性定义为：昆虫具有耐受可以杀死正常种群大部分个体的药量的能力，并在其种群中逐步发展起来的一种现象。通俗地讲，害虫的抗药性是指原先所使用的杀虫剂的剂量不能有效地控制某种害虫，需要加大使用量以及使用频率，或者加大用量也达不到之前的效果。为了更科学地研究这种现象，科学

家引入了害虫抗药性的概念。

在害虫抗药性的研究过程中，科学家发现了许多十分有趣的现象。例如，对一种杀虫剂产生抗性的昆虫，往往对其他不同类型的杀虫剂也会产生抗性，这被称为"交互抗性"。早在 20 世纪 50 年代，科学家就发现家蝇对杀虫剂 DDT 产生了很高的抗性，几十年后发现这种家蝇竟然对拟除虫菊酯类杀虫剂也具有抗药性，尽管拟除虫菊酯是在几十年后才发明的，而这些家蝇一直在室内饲养，从来没有接触过拟除虫菊酯。

还有一种有趣的现象是，昆虫对一种杀虫剂产生抗性后，却对另一种杀虫剂更加敏感，这种现象被称为负交互抗性。负交互抗性通常发生在作用机制和代谢机制不同的农药之间。例如，对有机磷杀虫剂产生抗药性的害虫，往往对拟除虫菊酯类杀虫剂更加敏感。

另外一种有趣的现象是"多抗性"，即一种昆虫同时对多种类型的杀虫剂产生了抗药性。例如，臭名昭著的科罗拉多马铃薯甲虫可以对超过 50 种不同杀虫剂都产生抗药性。虽然"多抗性"现象并不是十分普遍，但这种现象的后果往往更加严重。

通常所说的"耐药性"和抗药性是完全不同的两个概念，耐药性也叫作"天然抗性"，指昆虫由于生长发育阶段的不同而对杀虫剂表现出的耐受性。例如，昆虫幼虫随着龄期的不断增加，身体重量急剧增加，外骨骼会逐渐增厚，代谢能力不断提高，对有些杀虫剂的耐受性会不断增加，这种耐药性并不是真正的抗药性。

9. 什么是农药剂型?

在农业生产实际使用的农药产品中,除了有效成分(一般被称为原药)外,还包含了许多辅助材料,如润湿剂、乳化剂、溶剂、填充剂、黏着剂、稳定剂、增效剂等。这些辅助材料本身虽然没有生物活性,但是可以改善原药的理化性质,使原药的生物活性得到充分发挥,提高对有害生物的防治效果,同时可以降低对人、畜的危害性。这种将原药与多种辅助材料混合在一起进行加工,使之具有一定组成和规格的农药加工形态,就称为农药剂型。

通常情况下,农药商品的名称由有效成分含量、有效成分名称和剂型类别三部分组成。例如,50% 乙草胺乳油、15% 三唑酮可湿性粉剂、25% 吡唑醚菌酯悬浮剂等。

传统的农药剂型包括乳油、粉剂、可湿性粉剂、颗粒剂四种类型。乳油具有易加工、成本低、药效好、使用方便等特点,但由于需要使用大量有机溶剂(甲苯、二甲苯等),容易发生中毒或产生药害,环境污染大。粉剂具有使用方便、撒布效率高、节省劳力、使用时不需兑水等优点,在干旱地区或山地水源困难地区深受群众欢迎,但具有易飘移、环境污染严重、农药有效利用率较低、持效期较短等明显缺点。可湿性粉剂的生产成本低,储存运输方便,不易产生药害,但最大的缺点是加工及施药时粉尘量大,容易造成环境污染。颗粒剂的特点是具有较好的缓释作用,持效性长,施药时具有方向性,撒布药剂能充分到达靶标生物而对天敌等有益生物安全,且施药时无粉尘飞扬,不污染环境。

随着科学技术的不断发展以及安全、环保、职业健康等要求的日益提高,悬浮剂、微胶囊、纳米制剂等一系列环境友好、高效低毒的新剂型得到了快速发展,在农业生产中的应用也越来越普及,逐渐成为市场上的主流。

现代农药剂型加工，不仅仅是要满足原药可以使用的基本需求，更重要的是通过剂型的科学设计和加工来克服原药存在的各种缺陷，进一步提高药效，降低毒性，减少污染，延缓有害生物抗药性，从而提高农药的使用效率。开发低毒化、水性化、控制释放化、多功能化的新剂型已经成为绿色农药制剂加工的主要发展趋势。

10．为什么农药原药不能直接使用？

农药要发挥药效，必须要被有害生物吸收，吸收后还要被传导到作用部位，否则就不能发挥生物活性。由于有害生物的特殊生理结构，原药直接被有害生物吸收利用的比率很低，必须在一些辅助材料的帮助下，才能够显著提高利用率。所以，农药必须要加工成一定的制剂才能进行应用。

那么，制剂中的辅助材料是如何提高农药原药利用率的呢？

第一步，润湿铺展。由于植物表面普遍覆盖着厚厚的疏水性蜡质层，液滴在茎叶表面极易形成液滴滚落掉，导致原药被白白浪费。原药被加工成剂型后，剂型中含有的表面活性剂及其他助剂，能够显著降低液滴在植物叶面的表面张力，在蜡质层实现快速润湿和铺展，帮助药液存留在植物叶片上。

第二步，黏附。存留在植物叶片上的液滴在空气中会迅速挥发，待液膜挥发后，药液中的有效成分必须牢牢黏附在茎叶表面，否则就容易被风雨带走，造成损耗。然而，农药原药在植物表面蜡质层的黏附力很弱，如果没有外力的帮助，很难黏附在叶面上。这时候，制剂中包含的与蜡质层作用力较强的一些黏性物质（如多糖等）可以将原药包裹住，从而帮助农药原药更好地黏附在植物表面。

第三步，吸收。黏附在植物表面的农药还得通过各种部位，如根、幼芽、茎叶等被植物吸收，才能完成从植物体外到植物体内的转变。当然，不管是通过何种渠道，想进入植物内部都必须通过层层关卡。比如根吸收得穿过表皮层，幼芽吸收得透过角质层，茎叶的吸收要么是从气孔渗透，要么是穿过蜡质层和角质层。剂型中含有的表面活性剂、有机硅以及一些脂溶性成分能够帮助原药穿越这些屏障，使原药更好地被植物吸收。

第四步，传导。农药被根、叶吸收后，还得在植物体内进行移动，才能扩散到各个部位，这就是农药的传导。传导可分为局部传导、向上传导、双向传导等方式，主要动力来源为渗透作用和蒸腾作用。在剂型中加入的柠檬烯、精油等物质，就可帮助农药原药在植物体内传导，使其顺利地到达作用部位（也就是农药分子的"工作岗位"）。

从上面的"四步曲"可以看出，农药原药必须在各种辅助材料的帮助下，才能顺利地从植物叶面进入植物体内，并到达作物部位。此外，通过制剂加工，还可以克服农药原药的一些自身缺陷，如改善农药在水中的溶解度、降低农药的毒性、提高农药的稳定性等，还可以使农药具备抗飘移性、抗蒸发性，并提高沉积、抗弹跳等特性。

11. 什么是纳米农药？

纳米是一个长度单位，一纳米是千分之一微米，百万分之一毫米，十亿分之一米。换言之，一个纳米就是将一米分成十亿份。纳米材料在光学、热学、电学、磁学、力学以及化学等方面的性质和传统材料相比有着显著的不同。

纳米农药，包括纳米微乳、纳米微囊、纳米微球、纳米凝胶等多种类型，是通过纳米技术把原药制备成纳米微粒，以纳米材料作为农药原药载体的新型农药制剂。与传统农药制剂相比，纳米农药制剂的微粒体积从微米级减少至纳米级。随着农药微粒尺寸的减小，微粒数量和表面积会急剧增加。例如，同样质量的微粒由 $1\mu m$ 减小到 $1nm$，数量将增加10亿倍，表面积增加了1000倍。而微粒的数量越多，比表面积越大，喷洒后农药在作物叶面上分散也就越均匀，有效成分接触生物靶标越充分，因此药效发挥就越高。另外，由于纳米农药的体积更小，其穿透叶片进入植物内部的能力也更强，因此，植物对纳米农药的吸收会更好。

此外，纳米农药还具有水分散性好、覆盖率大、叶片黏附性好，以及持效期长等优点，是农药减量增效的关键所在。目前，纳米农药的研究正向着智能化、实用化的方向飞速发展，研发出了许多具有独门绝招，能够更好地防治病害的同时又减小污染的智能农药新剂型，如可以在高温下释放更多药物从而与病虫害暴发周期保持同步的纳米杀虫剂；已经实现商品化的有效期超长且没有耐药性问题的纳米银杀菌剂；利用太阳光产生活性成分杀死杂草的纳米除草剂等。

2019 年，国际纯粹与应用化学联合会（IUPAC）首次公布了将改变世界的十大化学新兴技术，纳米农药位列首位。

12. 转基因作物对农药产业有什么影响?

1996 年, 转基因作物开始在全球商业化应用。目前, 全球有近三十个国家和地区种植转基因作物, 种植面积约 2 亿公顷, 其中美国、巴西、阿根廷、加拿大和印度的转基因农作物种植面积占全球转基因作物种植面积的 91%, 而大豆、玉米、棉花和油菜这四种转基因作物年种植面积约占全球转基因作物种植面积的 99%。我国商业化种植的转基因作物有抗虫棉和抗病番木瓜。此外, 我国还批准了转基因大豆、玉米、油菜、棉花和甜菜等五种国外研发的转基因农产品作为加工原料进入国内市场。

转基因技术作为一种育种的生物技术, 与农药研发的结合越来越紧密, 生物育种‐农药一体化已成为研发的新趋势。例如耐除草剂、抗虫、抗病转基因作物的培育成功, 降低了农业对化学农药种类的需求。抗草甘膦作物的大面积推广, 导致新除草剂的需求下降和新除草剂的研发多年停滞不前, 最终又导致了杂草对草甘膦抗性的迅猛发展。目前, 全世界已发现 40 多种杂草对草甘膦产生了抗性, 而且呈现出快速暴发趋势, 这反过来又促进了近年来研发新除草剂的需求持续增长。抗病虫农药与抗病虫作物之间也有相似关系, 抗病虫转基因作物的大面积推广与种植, 在减少相关农药使用的同时, 也会让目标昆虫或病原菌产生抗性, 还会使原来的次要病虫害上升为主要病虫害, 进而导致对新杀虫剂或新杀菌剂的需求增长, 或者产生培育新的抗性品种的需求。

毫无疑问, 转基因作物将使全球农业生产发生深刻变革。我国也在积极慎重地推进转基因作物的产业化应用。2022 年, 农业农村部先后颁布了《农业转基因生物安全评价管理办法》、《转基因耐除草剂作物用目标除草剂登记资料要求》、《除草剂防治转基因耐除草剂玉米田杂草田间药效试验准则》和《除草剂防治转基因耐除草剂大豆

田杂草田间药效试验准则》等一系列法规。2023 年 10 月 17 日，农业农村部公示了第五届国家农作物品种审定委员会第四次审定会议初审通过的 37 个转基因玉米品种和 14 个转基因大豆品种目录，表明我国转基因玉米和转基因大豆即将实现商业化，我国的生物育种也将开启一个新时代，必将对我国的农药新品种研发产生深远的影响。

13. 转基因作物可以减少农药使用量吗?

国际农业生物技术应用服务组织（ISAAA）发布的《2018 年全球生物技术 / 转基因作物商业化发展态势》报告指出，转基因作物在 1996 ～ 2016 年期间使除草剂和杀虫剂的使用量下降了 18.4%。很多人因此认为，转基因作物可以减少农药的使用量。事实真的如此吗？

转基因作物是否能减少农药使用量，这取决于在什么时间范围内进行数据统计，短期内的统计数据与长期范围的统计数据显然是不一样的，甚至是截然相反的。以转 Bt 基因抗虫棉为例，抗虫棉对棉铃虫具有很高的抗性，确实可以有效地控制棉铃虫的危害。但是，一方面，随着棉铃虫对 Bt 不断产生抗性，近年来实际生产中已出现棉铃虫危害反而加重的现象，这样又需要使用农药才能够有效控制；另一方面，由于抗虫棉只抗棉铃虫，长期种植后导致棉蚜、棉蜘蛛、盲椿象等原来的次要害虫发展成为主要害虫，从而又导致增加了农药使用量。此外，由于含 Bt 的转基因作物还会杀死一些益虫，对生物链造成破坏。因此，从长期统计数据来看，种植转基因作物并不能真正减少农药使用量，但确实会影响使用农药的品种结构。

再以抗草甘膦转基因作物为例。草甘膦本身是一个综合性能比较优秀的除草剂，其最大的特点是具有非常广谱的除草活性，而且生产成本低。抗草甘膦转基因作物的栽培，可以给农民提供最经济有效的杂草防控技术，只需要使用草甘膦这一种除草剂，就可以达到满意的除草效果，大大降低了杂草防控成本，所以抗草甘膦转基因作物的种植面积占全球转基因种植面积的一半以上。但是，由于长期、大范围使用单一除草剂，导致杂草对草甘膦的抗性不断发展，全球已有40多种杂草对草甘膦产生了抗性，而且抗性还呈现不断加剧的趋势。这直接导致了草甘膦用量的不断加大，很多地区的用量已经提高了一倍以上。即便如此，还出现了一些草甘膦根本无法控制的恶性杂草，如小飞蓬等，必须使用其他除草剂才能控制。

14. 什么是核酸农药?

　　核酸农药本质上是一段单链或双链的多核苷酸片段,可以特异性地结合靶标生物中特定基因转录的信使RNA,通过靶标生物体内天然存在的小核酸干扰(RNAi)通路,造成转录体的降解或翻译的抑制,从而干扰靶标生物的正常生长,减轻其对寄主作物的危害,最终达到防控有害生物、保护作物的目的。

　　与传统农药相比,核酸农药具有以下几个优点:

　　(1)特异性较强。核酸农药选择性靶向对有害生物生长发育有重要功能的基因,具有优异的特异性和选择性,作用机制更明确。

　　(2)用量低。核酸农药以极小的用量激发靶标生物体内的RNAi反应,使得核酸农药有潜力成为高效、成本可控的植物保护产品。

"什么是核酸农药?"

核酸农药是一段单链或双链的多核苷酸片段,可以特异性地结合靶标生物中特定基因转录的信使RNA。

(核酸农药)

（3）绿色、安全。因这种全身性 RNAi 通路常见于真菌、低等动物与高等植物中，不存在于人、哺乳动物以及一些低等植物体内，因此这种基于 RNAi 调控的核酸农药具有一定的种群选择性，对非靶标生物安全、无残留问题，符合当今社会对于农产品质量和生态安全的要求，因此是潜在的新型绿色植保产品。

核酸农药与化学农药的协同使用是核酸农药未来发展的一大趋势。一方面，核酸农药具有极好的水溶解性，可以直接以水为溶剂，减少有机溶剂及助剂的使用，降低环境污染；另一方面，联用可以增强防效，减少化学农药的用量，延缓化学农药的抗药性。

2023 年 9 月 23 日，美国环保署（EPA）开启了全球首款喷洒用 RNAi 农药——ledprona 登记提案的公众意见征集。Ledprona 是一种喷洒用双链核糖核酸杀虫剂，主要用于防治科罗拉多马铃薯甲虫，是美国土豆上的一种主要害虫。该产品一旦被美国 EPA 批准，将成为世界上第一个商业化喷洒用 RNAi 农药。

15. RNA 干扰技术如何防治害虫?

小核酸干扰技术又称 RNAi (RNA 干扰) 技术, 是一种新型绿色无公害的害虫防控方法, 以对害虫生长发育或重要生理过程具有关键作用的特异性基因为靶标, 将人工合成的外源双链 RNA 导入到害虫体内, 使特异性基因的表达沉默, 从而影响害虫的发育和繁殖, 降低虫口密度, 达到防控害虫的目的。2006 年, 安德鲁·法厄与克雷格·梅洛由于在 RNAi 机制研究中的贡献获得诺贝尔生理学或医学奖。

运用 RNAi 技术进行害虫防治所选择的靶基因大致分为五种: 害虫致死基因, 与害虫抗性和免疫相关的基因 (降低害虫对化学农药的抗性), 与害虫生长发育有关的基因, 与害虫产卵有关的基因, 以及与嗅觉相关的基因 (干扰害虫对作物的识别)。RNAi 抗虫技术的最大特点是靶标专一性强, 不伤害天敌等有益生物, 不改变害虫的基因组, 不会破坏生态系统。它是一种绿色环保的抗病虫技术, 对作物病虫害防控展现了巨大的应用前景。

RNAi 抗病虫技术主要有两种应用方法：

第一种方法，与传统农药一样，直接将双链 RNA 制剂（也就是核酸农药）喷施到作物表面，双链 RNA 进入害虫体内后使害虫特有的靶标基因发生沉默，从而影响害虫正常的生长发育直至死亡。随着科学技术的不断发展，RNA 的合成成本大幅度下降，从原来每克 RNA 高达 1 万美元降到不到 1 美元，这使 RNA 作为农药应用成为可能。

第二种方法，将害虫靶标基因的片段导入植物体内，培育 RNAi 抗虫作物，使植物在生长发育过程中直接合成双链 RNA，害虫在取食作物后无法正常生长发育或死亡。2017 年，美国环保署（EPA）批准了国际上第一个以 RNA 干扰技术为基础的抗虫转基因玉米 MON87411，这款转基因玉米将一种双链 RNA 添加到 SmartStax Pro 转基因玉米中，从而起到杀虫作用。孟山都还将 RNAi 技术用于被称为"十亿美元害虫"的玉米根虫的防治，通过在常规 Bt 蛋白基础上引入 RNAi 技术，有效延缓害虫抗性的产生。

16. 农药研发的基本流程是怎样的?

　　农药的研发流程大致可以分为发现和开发两个阶段。发现阶段就是从成千上万的化合物当中发现那个有可能成为商品化农药的"苗子";开发阶段就是按照农药登记管理制度的要求,通过一系列的研究来系统评价这个"苗子"是否能够成为一棵大树,也就是商品化农药。

　　第一个阶段是发现阶段,主要任务就是筛选,是利用各种办法在通过各种方式获得的成千上万个分子中找到那个有可能开发成为商品化农药的苗头化合物,这个化合物通常被称为"候选化合物"。发现候选化合物的过程就好比是"神农尝百草"。试想,如果不尝遍百草,神农又怎么能够发现灵丹妙药呢?因此,在发现阶段,有两点非常关键:一是要想方设法获得尽可能多的、包含各种不同结构类型的化合物库,以供筛选;二是要建立各种各样的筛选模型,通俗地说,就是要有尽可能多的筛子。

　　化合物库既可以通过提取分离的办法得到,也可以通过化学合成的办法进行制备,还可以通过直接购买的方式获得。总之,如果你的化合物库具有足够的结构多样性,覆盖的化学空间足够广泛,那么筛选发现具有开发价值的化合物的概率也就更高。建立筛选模型的任务是由生物学家负责完成的。生物学家往往会根据农业生产中的现实需要,建立针对特定防治对象的筛选模型,包括离

试验田

体筛选、活体筛选、温室筛选和田间筛选等。目前不可能把成千上万的化合物直接开展田间筛选，因为这样做不仅效率低，而且耗资巨大，造成资源浪费。所以，生物学家往往是采取分级筛选的策略，只有达到一定要求的化合物才能够进入高一级筛选。经过层层筛选后，就可以明确这些化合物是否具有市场应用前景。再结合安全性评价，就可以确定进入开发程序的候选化合物。

第二个阶段是开发阶段，主要任务就是按照《农药登记管理办法》的要求开展一系列的登记试验，包括原药和制剂的产品化学试验、药效学试验、毒理学试验以及代谢试验等，如果全部试验结果表明候选化合物是安全的、有效的，就可以向农药登记管理部门提交农药登记申请，批准后就可以获得农药登记证书。与此同时，还要开展生产工艺研究，探讨"三废"治理方案，制定产品质量标准，完成生产安全风险评估和环境保护评估，建立相应的生产装置，经生产管理部门批准并发放生产许可证书后，就可以正式生产销售了。

从上面的介绍可以看出，新农药研发是一个耗资大、周期长的系统工程。据国际公认的统计数据，创制成功 1 个新农药，平均需要筛选 15.9 万个化合物，耗资 2.86 亿美元。从候选化合物首次合成到正式上市，平均耗时 11.5 年。

17. 农药研发与医药研发有什么差别？

农药研究与医药研究一直是相互借鉴的，两者既有很多相似相通之处，但各自又有不同的特点和侧重点。与医药分子设计所不同的是，农药分子设计的自身特点大致可以归纳为"五性"：

一是防治对象的多样性。农业生产中的有害生物种类繁多，常见的包括虫、菌、草和鼠害，每种有害生物的组织形态和生长发育差异极大。以虫害为例，我国农业生产中的有害昆虫包括昆虫纲的 18 个目和蛛形纲 2 目，共计 260 多科 4000 余种，危害最严重的农业昆虫有直翅目、缨翅目、半翅目、脉翅目、鳞翅目、鞘翅目、膜翅目、双翅目昆虫等。由于农作物经常是多种虫害同时发生，因此我们希望杀虫剂要有尽可能广谱的杀虫活性。但是，不同目的昆虫，其取食方式和繁殖方式都有很大的差异，而且，不同生长期的昆虫，其生理特点

也有很大差异。在开展杀虫剂的分子设计和应用杀虫剂时需要充分考虑上述差异，如何实现广谱性是杀虫剂分子设计面临的一大挑战。再比如除草剂的设计，作物田的杂草往往是多种多样的，既有禾本科杂草，又有阔叶杂草，还可能有莎草科杂草等。这些杂草和作物都属于高等植物，只要有阳光和水分，杂草就会生长。而且，杂草往往比作物生长得更快，与作物争夺阳光和养分。如果不加以控制，往往会导致作物大幅度减产甚至绝收。更为头疼的是，几乎每作物田中都存在 1～2 种和作物极为相似的杂草（如稻田的稗草、小麦田的节节麦等）。因此，如何在扩大除草剂杀草谱的同时，在作物和杂草（尤其是那些与作物极为相似的杂草）之间产生选择性，实现"草死苗活"是进行除草剂分子设计时首先要考虑的一个关键科学问题，也是除草剂分子设计的最大难点。

二是保护对象的多样性。医药的保护对象只有一个，那就是人。尽管人有不同的肤色，但药物在不同人种体内的吸收、分布和代谢机制总体来讲还是高度相似的。农药的保护对象却是多种多样的。既有一年生作物，也有多年生作物；既有旱田作物，也有水田作物；既有粮食作物，也有经济作物。不同的作物其生长周期和生理特点均有很大的差异，种植的季节和地域也有很大的不同。此外，从施药方式的角度来讲，农作物都是被动给药，而人却可以进行主动给药。对于生长周期长的农作物而言，我们希望农药的代谢半衰期较长，这样可以最大限度地维持药效。而对于生长周期短的农作物来讲，农药必须能够被作物快速代谢，以确保农作物收获时农药残留达标。

三是环境生物的多样性。生物多样性是自然界的本质属性。农药是投放到环境中的，在防控农业有害生物的同时，必须对人畜、环境、有益生物安全。近年来农药的环境毒副作用引起了全世界的广泛关注，一些在全世界范围内广泛应用的农药品种因为环境毒副作用而相继被禁用。例如，烟碱类杀虫剂的蜜蜂毒性近年来备受全社会关注，吡虫啉、噻虫嗪等因此先后在欧盟被禁用。所以，如何在有害生物和有益生物之间产生选择性、最大限度降低农药对环境的影响是农药分子设计首先要考虑的基础科学问题。

四是环境生态的多样性。农药喷洒到作物上之后，必定经受风吹日晒雨淋，因此，其光稳定性、耐雨水冲淋性质是决定药效的重要因素。农药进入到土壤和地下水之后，其环境代谢行为和代谢产物的安全性以及代谢半衰期等关系到农药分子的环境安全性，这些也是决定农药分子能否取得登记的重要因素。正因为如此，同一个农药品种在不同生态环境下的应用效果会差异很大。鉴于环境生物和环境生态的多样性，农药登记试验中，必须要开展环境毒理学评价、环境代谢行为和环境安全性风险评价，而医药研究无需开展这些环境评价。从这个意义上来讲，农药的安全性评价更为严格。

五是生产使用的经济性。人的生命是无价的。因此，医药研发首要考虑的是安全性和有效性，研发阶段基本上不考虑生产成本。但是，农药研发必须考虑成本，因为农民对农业投入品的承受能力是有限的。一旦农药的应用成本超过了农业生产的实际收益，就失去了市场开发价值。因此，生产成本的经济性是农药研发区别于医药研发的另一个显著特点。

话说农药：
魔鬼还是天使？

18. 我国的农药科技创新在国际上处于什么水平？

　　1930 年，浙江省植物病虫防治所设立了药剂研究室，成为中国最早的农药研究机构。新中国成立初期，西方国家对我国进行技术封锁，即便是仿制国外已有的农药品种都十分困难，农业生产面临无药可用的局面。1957 年，我国第一家有机磷杀虫剂工厂——天津农药厂正式成立。农药化学泰斗杨石先教授带领南开大学化学系师生，于1958 年攻克了我国第一个有机磷杀虫剂"对硫磷"的合成工艺，该农药在天津农药厂正式投产，毛泽东主席视察天津时给予高度评价。1958 年，中国科学院上海有机化学研究所梅斌夫先生带领团队研发出乙基大蒜素，对甘薯黑斑病有很好的防效，这是我国第一个自主创制的农药新品种。1973 年，上海市农药研究所沈寅初成功研发对人畜无毒害的生物源农药井冈霉素，并成功实现工业化生产，成为防治

水稻纹枯病的首选用药，一直应用至今。沈阳化工研究院张少铭先生团队也在同期研发出内吸性杀菌剂多菌灵，并于1973年生产，比德国巴斯夫公司早了两年。同时期，贵州化工研究所段成刚先生团队研发出杀虫双，可有效防治水稻螟虫，至今仍在使用。1970年，由山西省轻工业化学研究所合成的混灭威，为我国跟踪创新的首个氨基甲酸酯类杀虫剂。1976年，由江苏省激素研究所和苏州大学成功合成的灭幼脲，是我国独创开发的产品。同期，华中师范大学张景龄先生成功开发出有机磷杀虫剂水胺硫磷和甲基异柳磷，于1978年获全国科学大会奖，至今仍在使用。农业农村部发布第536号公告，自2022年9月1日起，禁止生产甲基异柳磷和水胺硫磷等四种高毒农药，自2024年9月1日起禁止销售和使用。

从"六五"开始，国家不断加大对农药科技创新的投入。国家重点科技攻关计划、"863"计划、"973"计划、科技支撑计划以及国家自然科学基金等一系列科技计划都将农药列入重点支持，极大地推动了我国农药科技创新的蓬勃发展。1995年，国家依托沈阳化工研究院和南开大学建设了国家农药工程研究中心，并依托原上海市农药研究所、浙江省化工研究院、江苏省农药研究所和湖南省化工研究院建立国家农药创新南方基地，标志着中国农药创制研究的正式起步。2002年，中国科学家在第188届香山科学大会上率先提出了"绿色农药"的概念，被国际上广泛认同。经过数十年的发展，中国农药科技经历了从仿制到仿创结合再到创制为主的艰难过程，建立了完善的农药创新体系，涵盖分子设计、化学合成、生物活性评价、制剂研发和应用技术推广等全链条，农药管理制度也不断健全，并与发达国家基本接轨，我国成为继美国、德国、瑞士、英国、日本之后第六个具有独立创制新农药能力的国家，并成为世界上农药生产第一大国。

尽管如此，我国距离农药科技强国还有较大的差距。我国目前生产和使用的农药品种，绝大多数还是仿制国外的品种。进入 21 世纪以来，我国先后创制出一批具有自主知识产权的农药新品种，如杀虫剂乙唑螨腈、环氧虫啶；杀菌剂氟吗啉、毒氟磷、氰烯菌酯、噻唑锌；除草剂单嘧磺隆、环吡氟草酮、喹草酮等，但这些品种距离"重磅炸弹"产品还有较大差距。2016 年，中国化工集团有限公司以 430 亿美元收购国际农化排名第一的瑞士先正达公司，对于进一步推动我国农药科技创新无疑具有积极且深远的意义。我们相信，只要我们始终坚持习近平总书记的"四个面向"指示精神，进一步加强农药基础研究，始终把解决我国农业生产中重大有害生物防控难题作为第一动力，加强学科交叉和协同创新，我国成为世界农药科技强国的目标在不久的将来一定会实现。

农药的首要任务是保护农作物的生产安全，确保农业丰产增收。

管理篇

19. 我国的农药管理体制是怎样的？

我国从 1982 年开始实行农药登记制度，1997 年 5 月 8 日颁布实施了《农药管理条例》。从此，《农药管理条例》被正式确立法律地位，并先后在 2001 年和 2017 年被进行了两次重大修订。在 2017 年修订版《农药管理条例》的基础上，根据 2022 年 3 月 29 日《国务院关于修改和废止部分行政法规的决定》对该条例进行了再次修订。目前执行的是 2022 年最新修订的 2017 版《农药管理条例》。

根据 2017 版《农药管理条例》，我国全面实行农药登记制度、农药生产许可制度、农药经营许可制度和农药产品进出口管理制度。农业农村部是农药行业的主管部门，农药登记、生产许可、经营许可及市场监管全部由农业农村部统一负责。

农业农村部制定了《农药登记管理办法》，自 2017 年 8 月 1 号开始实施，农业农村部农药检定所负责农药登记的具体工作，组织成立农药登记评审委员会，制定农药登记评审规则。农药生产企业、向中国出口农药的企业应当依照《农药管理条例》的规定申请农药登记，新农药研制者也可以依照该规定申请农药登记。

农业农村部制定了《农药生产许可管理办法》，自 2017 年 8 月 1 号开始实施。农业农村部负责监督指导全国农药生产许可管理工作，制定生产条件要求和审查细节；省级人民政府农业农村厅主管部门负责受理申请、审查并核发农药生产许可证。农药生产许可证实行一企一证管理，一个农药生产企业只核发一个农药生产许可证。

农业农村部制定了《农药经营许可管理办法》。除了经营卫生用农药之外，在中国境内销售农药的，应当取得农药经营许可证。农药经营许可实行一企一证管理，一个农药经营者只核发一个农药经营许可证。限制使用类农药的经营许可由省级人民政府农业主管部门核发，其他农药的经营许可由县级以上地方人民政府农业主管部门根据农药经营者的申请核发。

此外，我国还实行农药产品进出口管理制度，除遵照《海关法》《对外贸易法》《进出口商品检验法》三部法律以及《货物进出口管理条例》《进出口商品检验法实施条例》《农药管理条例》三部条例外，同时还遵循鹿特丹公约（PIC）和斯德哥尔摩公约（POPs）两项国际公约。农药进出口由农业农村部、海关总署和国家市场监督管理总局协同进行管理。

20. 我国有关农药的法律法规有哪些？

　　《农药管理条例》是我国对农药进行全面监管的第一部法规，是整个农药行业的"基本法"。为保障《农药管理条例》的实施，农业农村部先后制定了一系列的配套规章制度，包括《农药登记管理办法》《农药生产许可管理办法》《农药经营许可管理办法》《农药登记试验管理办法》《农药标签和说明书管理办法》《农药登记资料要求》《农药登记试验单位评审规则》《农药登记试验质量管理规范》《农药生产许可审查细则》《农药包装废弃物回收处理管理办法》等。2022 年，对《农药登记管理办法》和《农药登记试验管理办法》进行了修订，新颁布了《转基因耐除草剂作物用目标除草剂登记资料要求》《除草剂防治转基因耐除草剂玉米田杂草田间药效试验准则》《除草剂防治转基因耐除草剂大豆田杂草田间药效试验准则》等规章制度。

此外，农药行业还涉及安全生产、环境保护、食品安全、产品质量、海关等相关法律法规，可以在国家相关部委网站上查询。

2022年1月，农业农村部会同国家发展改革委员会、科技部、工业和信息化部、生态环境部、市场监管总局、国家粮食和物资储备局、国家林草局制定颁布了《"十四五"全国农药产业发展规划》，提出要把绿色发展理念贯穿农药产业发展各环节，支持发展高效低风险新型化学农药，大力发展生物农药，逐步淘汰掉抗性强、药效差、风险高的老旧农药品种和剂型，严格管控具有环境持久性、生物累积性等特性的高毒高风险农药及助剂，推广绿色生产技术，推进减量增效使用和包装废弃物回收处置，形成资源节约、环境友好的农药生产方式和使用模式。

21. 2017 年颁布的《农药管理条例》有哪些新变化?

与 2001 年版《农药管理条例》相比,2017 年颁布的《农药管理条例》(简称为新《条例》)主要有以下几方面的变化:

① 改革了农药管理体制,建立了分级管理机制。将原来由多个部门分头负责的农药登记、生产、经营、应用和监管全部归口农业农村部门统一管理,解决了多头监管、重复监管、监管盲区并存等问题,结束了我国农药管理监管长期以来的"九龙治水"的局面,实现了农药产销用全程一体化管理。此外,新《条例》还建立了分级管理机制,明确了各级管理职责,其中国务院农业主管部门负责农药登记试验与农药登记等方面的行政许可,省级农业主管部门负责农药登记初审、限用农药经营许可和农药生产许可方面的行政许可,县级农业主管部门负责农药经营与农药广告审查方面的许可。

② 强化了农药全程监管的理念,完善了农药登记制度,实行农药生产许可制度和农药经营许可制度,明确了农药进出口的相关要求。在农药登记制度方面,取消了原来的临时登记,提高了登记门槛;扩大了农药登记的申请主体,允许新农药研制者作为申请人;进一步严格登记试验制度,完善了登记资料要求,允许进行登记资料转让。在生产许可制度方面,实行农药生产企业建立原材料进货记录制度,加强了农药标签管理,建立农药标签电子追溯及回收制度。在农药经营许可制度方面,取消了农药经营主体仅限于供销社、农业技术推广站等的规定,对高毒等限制使用农药实行定点经营制度,明确了农药经营者应当具备的条件,规定不得向未取得农药生产许可证的农药生产企业或者未取得农药经营许可证的其他农药经营者采购农药。

③ 加强了农药风险评估,实施农药再评价制度,进一步强化了农药登记评审中的"安全性"理念。在登记资料要求上,不仅要求提供

原药的风险评估资料，还注重对农药杂质、助剂和代谢物的安全性评价。农业农村部将根据农药助剂的毒性和危害性，适时公布和调整禁用、限用助剂名单及限量。在环境生态方面，更加注重农药及其代谢物在水、空气、土壤等环境中的归趋转化，尤其是在环境中淋溶、挥发、光解、水解等变化对环境生态的影响。在农药残留方面，将原来的6地残留试验提高到12地，并增加了农药及其代谢产物在动植物体内及加工品全过程的残留变化。此外，还需制定农药残留限量标准。

　④ 建立假劣农药和农药废弃物处置制度，加大对农药违法行为的监管和处罚。

22. 欧美发达国家的农药管理与我国有什么不同?

欧美发达国家的农药管理制度主要有以下特点:

① 健全的法律法规和完整的技术法规体系。欧美发达国家早在20世纪初就陆续颁布了农药管理法规,还起草发布了一系列涉及登记、试验、实验室管理、经营、使用指导、监督执法、风险监测、废弃物处理等环节的管理和技术规范,并根据经济社会发展的变化与科学技术的发展不断修订,构建了完整的管理及监督体系,使农药管理及监督不仅有法可依,也有标可循。

② 以风险评估为核心的科学有序管理方式。美国形成了一套完整的农药登记、农药再登记和农药登记再评审制度。欧盟则采取逐级评审机制进行农药风险评估:首先对有效成分基于危害节点的评判标准进行筛查、评估;其次是对有效成分进行风险评估;最后是对植物保护产品的风险评价。

③ 登记资料要求非常详细。欧美国家的登记资料要求是非常完整的,并根据法律要求及安全需要及时修订。资料要求对申请材料的排版、格式、登记资料内容都有详细的说明,对于农药企业进行新产品登记起到了非常重要的指导作用。

④ 高度重视知识产权保护。由于农药创制是一项高投入高风险的创新活动,美国相关法律规定,首家作为产品开发与资料所有者,商业保密信息作为商业机密被永久保护。对安全、有效数据通常给予10年的保护期限。此外,对首家登记资料采取排他性使用"保护原则",保护期限一般为10年;如果申请人在此期间又有新的资料补充,可向环保署提出申请延长至15年。资料补偿规定适用于新农药、新使用范围以及产品的登记评审和再登记。欧盟国家也明确规定对数据进行保护,保护期为获得首次登记开始10年,低风险植保产品的数据

保护期为 13 年；低风险植保产品的扩展作物登记，数据保护期限一般不超过 15 年。

1997 年，《农药管理条例》的颁布使我国农药管理走上了法制化的轨道。2001 年和 2017 年对《农药管理条例》进行了两次修订，特别是 2017 修订时，充分吸收了欧美发达国家的先进经验，使我国的农药管理法规和制度逐步与 FAO 和 WHO 的《国际农药管理行为守则》接轨，对我国农药行业的高质量发展产生了积极的影响。

23. 我国的新农药登记流程是怎样的?

新农药是指含有的有效成分尚未在中国批准登记的农药，包括新农药原药（母药）和新农药制剂。很多人往往容易将新农药与新剂型、新含量等概念混淆，这里给出一个通俗易懂的判定方法：有效成分在中国已经登记过的农药，无论后来的登记剂型、防治对象、登记含量如何变化，都不属于新农药。

申请新农药登记的流程分为以下几个步骤：

第一步：申请新农药命名。申请新农药登记应向有关机构申请新农药命名，获得命名证书及唯一的中文通用名。

第二步：封样。为了确保登记试验样品的真实性和一致性，申请人应将用于农药登记试验的样品提交所在地省级农药检定机构进行封样管理。

第三步：登记试验备案。开展农药登记试验之前，申请人应当向登记试验所在地省级农业主管部门备案，也可以通过中国农药数字管理平台进行网上备案。

第四步：全面开展新农药登记试验。申请人应按照《农药登记资料要求》，同时开展新农药原药和新农药制剂的登记试验，包括产品化学、毒理学、药效、残留、环境影响等试验。登记试验应当由国务院农业主管部门认定的登记试验单位按照国务院农业主管部门的规定进行。

第五步：提交新农药登记申请资料。申请人向所在地省级农业部门提出农药登记申请，并提交新农药原药和新农药制剂登记申请资料，同时提供有效成分标准品、主要代谢物和相关杂质的标准品、原药（母药）样品和制剂样品。省级农业部门对资料完成初审后，报送农业农村部。农业农村部在9个月内完成技术审查后，提交农药登记评审委员会评审，通过评审后核发农药登记证。

2020 年 9 月 18 日，农业农村部发布的《关于推进实施农药登记审批绿色通道管理措施的通知》提出，实施农药登记审批绿色通道管理措施，对于可替代高毒农药的新农药，优先安排技术审查，在保障质量和安全的前提下加快技术审查进程。

话说农药：
魔鬼还是天使？

24. 农药残留限量标准是如何制定的？

农药最大残留限量，英文名称 MRL，通俗地说，就是每天吃的饭，夹的菜，啃的瓜果，喝的水里面，是不是有残留的农药，如果有，允许残留的最大值是多少。其实，在气候变化越来越复杂的背景下，现代农业生产出来的农产品，说"某种农产品没有残留的农药"肯定是不现实的。有农药残留是肯定的，只是残留量的大小有差异。MRL就是告诉我们一个量的标准，在这个标准以内，表示是安全的。

农药最大残留限量标准是在科学的风险评估的基础上制定的。需要考虑三大因素：农药对高等动物的毒性、农药在农产品中的残留量、消费者对农产品的膳食摄入量。农药毒性数据是通过开展动物试验获得的，并以 10 倍甚至 100 倍的系数推导，代表对人的毒性；农产品中的农药残留量根据多地田间残留规范试验得到；农产品的膳食摄入量则通过对全国各地进行调查所获得的膳食消费结构来确定。农药的毒性越高，或农产品中的残留量越大，或农产品的膳食摄入量越大，该农产品中的农药最大残留限量标准就越严格，即标准限量值就越小。

我国与欧美、日本、澳大利亚等发达国家一样，采用国际上通用的风险评估技术和方法，在考虑最大可能风险的基础上，还要增加至少 100 倍的安全系数，制定农药残留限量国家标准。举例来说，当食品中某农药的残留量为 50mg/kg 时，可能会出现安全风险，那么按照 100 倍安全系数，该农药的残留限量标准被定为 0.5mg/kg。

由国家卫生健康委员会、农业农村部和国家市场监管总局联合发布的《食品安全国家标准　食品中农药最大残留限量》（GB 2763—2021）标准已于 2021 年 9 月 3 日起正式实施。新版农药残留限量标准规定了 564 种农药在 376 种（类）食品中 10092 项最大残留限量，标准数量首次突破 1 万项，达到国际食品法典委员会（CAC）的近 2 倍。与 2019 版相比，新增农药品种 81 个、残留限量 2985 项。其中，蔬菜、水果等居民日常消费的重点农产品的限量标准数量增长明显，分别增加了 960 项和 615 项，占新增限量总数的 32.2% 和 20.6%，两类限量总数分别占 2021 版 GB 2763 食品限量总数的 32.0% 和 24.5%。新版标准基本覆盖了我国批准使用的农药品种和主要植物源性农产品，为加强我国农产品质量安全监管提供了充分的技术支撑。

25. 欧美发达国家的农药残留限量标准比我国更严格吗？

一些社会公众认为我国的农药残留限量标准比欧美国家的要低。事实上，这种认识是片面的，甚至是错误的。

欧美国家的农药管理体系建立得较早，相对比较完善，制定的农药最大残留限量标准的数量确实比我国要多。但是，笼统地比较各国的农药残留限量标准的水平高低，其实是没有意义的。从技术层面讲，农药在不同国家的使用情况不同，气候与土壤等环境条件也有很大差异，同一种农药在同一种农产品中的残留量是不一样的。从各国的膳食结构来讲，同样的农产品，在一个国家是人们每天都要吃的，而在另一个国家却很少吃，这必然导致各国制定的农药残留限量标准是不相同的。从管理层面讲，尽管各国制定限量标准的根本目的是为了确保食品安全，但有一些国家常常把农药最大残留限量标准作为农产品国际贸易保护的技术壁垒，而我国制定农药残留限量标准尚没有涉及贸易保护问题。

此外，农药残留限量标准的差异还受以下几个因素的影响。一是对于本国不生产不使用的农药，往往制定最严格的标准，而本国登记使用的农药特别是在出口农产品上使用的农药，即使农药毒性高，残留标准在安全范围内也尽可能放松。例如，美国、欧盟和日本对本国没有登记使用的农药按照一律限量标准（即0.01～0.05mg/kg）执行，但对高毒农药甲胺磷，美国在芹菜和花椰菜上的标准分别为1mg/kg和0.5mg/kg，而日本却分别为5mg/kg和1mg/kg。二是对本国没有生产或主要依靠进口的农作物上的限量标准比较严格。以新型杀虫剂氯虫苯甲酰胺为例，欧盟在葡萄上的限量标准为1mg/kg，而在大米等粮谷上却为0.01mg/kg，茶叶上为0.02mg/kg。按理说，葡萄可以鲜食，限量标准应该更严格。但由于葡萄是欧洲的优势作物，因此制定的标准比较松。三是同一作物，各国的标准也不同。例如，对于安全性并不是很高的杀菌剂克菌丹，在稻谷中的残留限量标准，日本是5mg/kg，欧盟为0.02mg/kg，相差250倍。高毒农药甲基对硫磷在稻谷中的残留限量标准，日本为1mg/kg，欧盟为0.02mg/kg，相差50倍。

我国是国际食品法典委员会（CAC）农药残留标准委员会的主席国，因此，我国的农药残留限量标准尽可能与CAC标准（而不是欧美日标准）接轨，有的标准比发达国家低，有的标准比发达国家高。例如，新农药甲氧虫酰肼我国在甘蓝中的标准为2mg/kg，而美国和日本为7mg/kg。马拉硫磷是一个使用时间较长的农药，我国在柑橘、苹果、菜豆中的标准为2mg/kg，在糙米中为1mg/kg，在萝卜中为0.5mg/kg，均严于美国8mg/kg的标准。嗪草酮在大豆中标准为0.05mg/kg，而美国的为0.3mg/kg，欧盟和日本为0.1mg/

kg。常用杀菌剂噻菌灵，我国在蘑菇中的标准为 5mg/kg，美国为 40mg/kg，欧盟为 10mg/kg、日本为 60mg/kg，分别比他们严格 8 倍、2 倍和 12 倍。

　　总之，不管各国的农药残留限量标准是否存在差异，这些残留标准都是根据安全风险评价而制定的，只要达到残留限量标准的农产品都是安全的，是可以放心食用的。

26. 如何看懂农药标签?

为了保证农药产品质量安全,规范农药标签,农业部按照2017版《农药管理条例》,发布了部令2017年第7号《农药标签和说明书管理办法》和第2579号公告《农药标签二维码管理规定》,对农药标签的制作要求做出了详细规定。农药标签分为横版和竖版,应该包括以下内容:

(1)农药名称、剂型、有效成分及其含量。农药名称包括通用名称、商品名称和化学名称。通用名称由三部分构成:有效成分通用名、有效成分含量和剂型。商品名称的作用是区别其他农药产品并突出产品品牌和树立企业形象。

(2)农药登记证号、产品质量标准号以及农药生产许可证号。"三证"齐全,表明该农药是合格产品,否则为假冒或劣质农药。向中国出口的农药可以不标注农药生产许可证号,但要标注境外生产地和在中国设立的办事机构或者代理机构的名称及联系方式。

(3)注明农药的类别,如除草剂、杀虫剂、杀菌剂等,并用颜色标志带予以标识。

(4)产品性能描述,要与农药登记批准的使用范围和使用方法相符。

(5)用文字和标识对毒性级别(剧毒、高毒、中等毒、低毒、微毒)进行标注。

(6)标注使用范围、使用方法、剂量、使用技术要求和注意事项,以及中毒急救和治疗措施。

(7)标注生产日期、产品批号、质量保证期、净含量以及储存和运输方法。

(8)农药登记持证人的名称及其联系方式、可追溯电子信息码一般印刷在标签的右下方,农药标签二维码具有唯一性,一个标签二维码对应唯一的一个销售包装单元。

（9）根据需要，用象形图对产品安全使用措施进行标注，包括储存象形图、操作象形图、忠告象形图、警告象形图，并按照产品实际使用的操作要求和顺序排列。

（10）其他需要标注的内容。如用于食用农产品的农药应标注安全间隔期；对于原药产品，应注明"本品是农药制剂加工的原材料，不得用于农作物或者其他场所"。

27. 农药生产企业需要具备哪些资质？

农药属于国家管制行业。按照 2017 年修订版《农药管理条例》，我国实行农药生产许可制度，农药生产许可证由省级人民政府农业主管部门负责受理申请、审查并核发。企业只有取得农药登记证（制剂委托加工、分装的除外）和农药生产许可证之后，才可以生产农药。

农药登记证是生产农药必须取得的证件之一，取得农药登记证的产品表明该产品已经在药效、毒性、残留、环境等方面经过农药登记主管单位的审查认可，符合进入市场防治农作物病虫草害的条件。农药登记证有效期为 5 年，有效期满后，需要继续生产农药的，可在有效期满 90 日前向国务院农业主管部门申请延续。农药登记证载明事项发生变化的，农药登记证持有人应当按照国务院农业主管部门的规定申请变更农药登记证。

企业在取得农药登记证之后，还应当根据《农药生产许可管理办法》向生产所在地省级农业农村部门提出申请，取得农药生产许可证。

农药生产许可实行"一企一证"管理，即一个农药生产企业只核发一个农药生产许可证。比如说，一个农药生产企业可以在同一个省内有多个生产地址，但只能有一个生产许可证，生产许可证中会注明每个生产地址的农药生产许可范围。农药生产许可证的有效期为5年，有效期届满后需要继续生产农药的，农药企业可向省级农业农村部门提交相应的材料进行延续。

企业应按照生产许可证的规定组织生产，所生产的农药产品与登记农药一致，并严格执行产品质量标准，对农药产品质量负责。农药生产企业违法从事农药生产活动的，按照《农药管理条例》规定从严处罚，构成犯罪的，依法追究刑事责任。

28. 什么是"2020 年农药使用量零增长行动"？

农业是百业之基，粮食是立足之本。自 20 世纪 80 年代以来，我国粮食获得了十八连丰，2007 ~ 2009 年产量为 1 万亿斤（1 斤 = 500g）以上，2010 ~ 2011 年为 1.1 万亿斤以上，2012 ~ 2014 年为 1.2 万亿斤以上，2015 年以来，连续七年保持在 1.3 万亿斤以上，保证了粮食市场基本供应，这其中农药功不可没。但由于农药使用量较大，加之施药方法不够科学，带来生产成本增加、农产品残留超标、作物药害、环境污染等系列问题。为推进农业发展方式转变，有效控制农药使用量，保障农业生产安全、农产品质量安全和生态环境安全，促进农业可持续发展，2015 年 2 月农业部发布《到 2020 年农药使用量零增长行动方案》，方案中提出：到 2020 年，初步建立资源节约型、环境友好型病虫害可持续治理技术体系，科学用药水平明显提升，单位防治面积农药使用量控制在近三年平均水平以下，力争实现农药使用总量零增长，并提出了绿色防控、统防统治、科学用药三个方面的具体任务指标。

农药使用量的零增长，并不代表完全不使用农药，而是要将那些环境生态风险相对较高、不利于农业生产可持续发展的农药逐步淘汰掉。农药零增长不是一道简单的数学题，而是一个繁杂的系统工程，需要对产品结构、施药设备、营销服务、组织模式等进行优化，需要农药使用者、植保部门、农药企业、专业防治组织等多方面的协作和共同努力。从技术路径上来讲，要从"控、替、精、统"4 个字上下功夫，尤其是"替"字，即用使用剂量低的高效低毒农药替代传统的使用剂量高的低效高毒农药，用绿色防控技术替代单一的化学防治，用高效现代施药机械和专业化统防统治替代传统一家一户的孤立防治模式。

此外，农药使用量的零增长，是指有效成分折百量的零增长，而不是商品量的零增长。通过对农药折百量的分析，能够对农药使用的效果，以及对环境造成的危害进行分析，包括农作物中的农药残留以及对环境造成的污染等。

2021年，农业农村部公布了行动方案五年实施情况的科学测算结果，2020年我国水稻、小麦、玉米三大粮食作物农药利用率为40.6%，比2015年提高了4个百分点，农药使用量零增长行动的预期目标圆满实现。下一步，农业农村部将进一步加强举措，力争到2025年农药利用率再提高3个百分点，推动农业生产方式向全面绿色转型。

29. 什么是假农药和劣质农药?

我国《农药管理条例》规定,有下列情形之一的,认定为假农药:①以非农药冒充农药;②以此种农药冒充他种农药;③农药所含有效成分种类与农药的标签、说明书标注的有效成分不符。禁用的农药,未依法取得农药登记证而生产、进口的农药,以及未附具标签的农药,按照假农药处理。有下列情形之一的,认定为劣质农药:①不符合农药产品质量标准;②混有导致药害的有害成分。超过农药质量保证期的农药,按照劣质农药处理。

农药经营者经营劣质农药和假农药的,由农业主管部门视情节轻重给予责令停止经营、没收违法所得及违法经营的农药和用于违法经营的工具设备等、罚款等处罚;情节严重的,由发证机关吊销农药经营许可证;构成犯罪的,依法追究刑事责任。假农药、劣质农药和回收的农药废弃物等应当交由具有危险废物经营资质的单位集中处置,处置费用由相应的农药生产企业、农药经营者承担;农药生产企业、农药经营者不明确的,处置费用由所在地县级人民政府财政列支。

2021 年 3 月，农业农村部通报了江西省乐安县某农资门市部经营劣质农药的典型案例。江西省农业农村厅组织异地交叉监督抽检时发现，某农资门市部经营的、标称河北某化工有限公司生产的"41% 草甘膦异丙胺盐水剂"的有效成分实际含量仅为 27.2%。经进一步立案调查，当事人向河北某化工有限公司购进"41% 草甘膦异丙胺盐水剂"农药 10 箱计 120 瓶，至案发时已以 18 元 / 瓶价格销售 69 瓶，违法所得 1242 元；库存 51 瓶（含抽样 3 瓶），涉案产品货值 2160元。当地农业农村局依据《农药管理条例》第五十六条的规定，对该农资门市部作出没收"41% 草甘膦异丙胺盐水剂"劣质农药产品，没收违法所得 1242 元，并处罚款 5000 元的行政处罚。该案中，当事人经营农药产品的实际有效成分明显低于标称值，属于典型的经营劣质农药违法行为。

30．超范围经营、使用农药违法吗？

2017 年修订版《农药管理条例》第二十四条规定："国家实行农药经营许可制度，经营限制使用农药的，还应当配备相应的用药指导和病虫害防治专业技术人员，并按照所在地省、自治区、直辖市人民政府农业主管部门的规定实行定点经营。"《农药经营许可管理办法》第二十一条第二款规定"超出经营范围经营限制使用农药，或者利用互联网经营限制使用农药的，按照未取得农药经营许可证处理"。按照上述规定，超范围经营和使用农药都是违法的。

2019 年 12 月，某农药经营者超范围经营甲拌磷、克百威两种限制使用农药，该行为违反了《农药管理条例》第二十四条和《农药经营许可管理办法》第二十一条之规定，该市农业农村局依法对当事人进行了立案查处，并依据《农药管理条例》第五十五条第一款第一项之规定作出如下处罚决定：没收克百威农药 20 袋、甲拌磷 20 袋；没收违法所得 350 元；并处 5000 元罚款。以上罚没款共计 5350 元。

《农药管理条例》第三十四条还明确规定"农药使用者应当严格按照农药的标签标注的使用范围、使用方法和剂量、使用技术要求和注意事项使用农药，不得扩大使用范围、加大用药剂量或者改变使用方法"。因此，超农药登记范围使用也属于违法行为。

2019 年 11 月，某市农业农村局执法人员对本市某村周某的蔬菜种植大棚进行日常巡查，并对其种植的大白菜和芹菜进行抽检，检出了在蔬菜上禁止使用的农药毒死蜱。2020 年 1 月，该案移送公安机关查处。2020 年 6 月，被告人周某因犯生产、销售有毒、有害食品罪，被判处有期徒刑六个月，缓刑一年，并处罚金人民币 2000 元，同时周某被禁止在缓刑考验期内从事食品生产、销售及相关活动。

由于农药产品标签上载明的使用范围是经过严格的安全性和有效试验，并经过科学评估后提出的，未经试验和评估的使用范围无法确保使用的效果和对人畜、环境等的安全性，存在潜在风险。为此，千万不要超范围使用农药，以免造成违法自己还不知道。

31. 我国禁止使用的高毒农药有哪些？

高毒农药确实对有害生物的防治效果很好，而且价格经济实惠，为农业生产做出了重要贡献，但是，高毒农药带来的农药残留及环境风险等危害也愈发凸显。因此，从环境、生态和食品安全的角度考虑，我国陆续出台了禁止和限用高毒农药的相关政策，先后发布了禁止生产、销售和使用的一批高毒农药目录，并限制了部分农药的适用范围。

截至 2022 年 3 月 1 日，被禁止（停止）使用的农药有 50 种：六六六、滴滴涕、毒杀芬、二溴氯丙烷、杀虫脒、二溴乙烷、除草醚、艾氏剂、狄氏剂、汞制剂、砷类、铅类、敌枯双、氟乙酰胺、甘氟、毒鼠强、氟乙酸钠、毒鼠硅、甲胺磷、对硫磷、甲基对硫磷、久效磷、磷胺、苯线磷、地虫硫磷、甲基硫环磷、磷化钙、磷化镁、磷化锌、硫线磷、蝇毒磷、治螟磷、特丁硫磷、氯磺隆、胺苯磺隆、甲磺隆、福美胂、福美甲胂、三氯杀螨醇、林丹、硫丹、溴甲烷、氟虫胺、杀扑磷、百草枯、2,4-滴丁酯、甲拌磷、甲基异柳磷、水胺硫磷、灭线磷。其中，溴甲烷可用于"检疫熏蒸处理"；杀扑磷已无制剂登记；2,4-滴丁酯自 2023 年 1 月 29 日起禁止使用；甲拌磷、甲基异柳磷、水胺硫磷、灭线磷自 2024 年 3 月 1 日起禁止销售和使用。

此外，还规定了 16 种农药的禁止使用范围，包括克百威、氧乐果、灭多威、涕灭威、内吸磷、硫环磷、氯唑磷、乙酰甲胺磷、丁硫克百威、乐果、毒死蜱、三唑磷、丁酰肼（比久）、氰戊菊酯、氟虫腈、氟苯虫酰胺。其中，氟虫腈除用于玉米等部分旱田种子包衣外，禁止在所有农作物上使用。

2023 年 9 月 5 日，农业农村部发布关于征求对氧乐果、克百威、灭多威、涕灭威等 4 种高毒农药采取禁用管理措施意见的公告。2025 年 12 月 1 日以后，我国现有登记的 700 多个农药品种中，届时仅有 2 种高毒的常规化学农药（氯化苦、磷化铝），未来也将会被逐步淘汰。另外，生物源农药阿维菌素和烟碱原药毒性均属于高毒级，按我国农药毒性分级标准，也应归属为高毒农药类，但仍被广泛用于蔬菜或瓜果类等作物。目前在登记状态的高毒杀鼠剂还有6种，分别为溴敌隆、溴鼠灵、杀鼠灵、杀鼠醚、敌鼠钠盐、C型肉毒梭菌毒素。

32. 为什么高毒农药严禁用于蔬菜？

《农药管理条例》第三十四条规定，"剧毒、高毒农药不得用于防治卫生害虫，不得用于蔬菜、瓜果、茶叶、菌类、中草药材的生产，不得用于水生植物的病虫害防治"。《中华人民共和国食品安全法（2018 修正）》第四十九条规定，"不得使用国家明令禁止的农业投入品。禁止将剧毒、高毒农药用于蔬菜、瓜果、茶叶和中草药材等国家规定的农作物"。《农药管理条例》第六十条还对相应违法行为的处罚进行了明确规定，对行为构成犯罪的，依法追究刑事责任。

为什么高毒农药严禁用于蔬菜呢？究其原因，蔬菜的生长周期比较短，且很多蔬菜在生长期内会连续采摘，而且还有大量鲜食品种，如果喷施了高毒农药，那么极有可能这些蔬菜还没有度过农药的安全间隔期，就被采摘食用或者进入市场，导致取食这种蔬菜者出现中毒症状，轻则呕吐、头晕眼花，严重的抽搐甚至死亡，人民生命安全受到威胁。因此，为了保障人民健康和食品安全，国家明令禁止将高毒农药用于蔬菜。

山西省人民检察院通报了一起滥用高毒农药的典型案件。2020年 6 月，山西省高平市种植户姬某某到农药店购买氧乐果等农药，用于防治自家承包的 40 余亩梨树虫害。为防止梨树虫害传染到茄子上，姬某某在明知农药氧乐果是蔬菜禁用农药的情况下，仍将梨树地里的 20 余棵茄子也喷洒了氧乐果。茄子成熟后，被告人姬某某将 30斤茄子销售给某商贸公司，从中获利 27 元。该商贸公司将其中部分茄子销售给某供销超市。经对该批茄子抽检，检出茄子中含有氧乐果农药残留，检验结论为不合格。高平市检察院当庭判处被告人姬某某有期徒刑七个月，并处罚金 5000 元，责令其在媒体上公开赔礼道歉，支付赔偿金 1000 元。

农药的首要任务是保护农作物的生产安全，确保农业丰产增收。

安全篇

33. 农药的毒性等级是如何界定的?

　　毒理学评价是决定农药是否可以取得登记以及制订农药管理措施的重要依据。在提交农药登记申请时，必须按照《农药登记资料要求》开展毒理学评价，提供毒理学试验资料，主要包括：急性毒性（急性经口、急性经皮、急性吸入、眼睛刺激、皮肤刺激、皮肤致敏）试验资料、急性神经毒性试验资料、迟发性神经毒性试验资料、亚慢（急）性毒性（经皮、吸入）试验资料、致突变性试验资料、生殖毒性试验资料、致畸性试验资料、慢性毒性和致癌性试验资料、代谢和毒物动力学试验资料、内分泌干扰作用试验资料、人群接触情况调查资料、相关杂质和主要代谢/降解物毒性资料、每日允许摄入量（ADI）和急性参考剂量（ARfD）资料、中毒症状、急救及治疗措施资料等内容。

　　其中，急性毒性试验结果采用LD_{50}值（单位为 mg/kg）进行衡量。LD_{50}是指半数致死量，即杀死一半实验动物所需农药的量，其值越大，表明其急性毒性越小。农药产品的毒性通常按急性毒性值进行分级，具体见表1。我们日常使用的含氟牙膏对小鼠急性经口LD_{50}值约为 250mg/kg；解热镇痛药阿司匹林对大鼠急性经口LD_{50}值为 1500mg/kg；日常食用的食盐对小鼠急性经口LD_{50}值约为 3000mg/kg。绿色农药的大鼠急性经口LD_{50}值、经皮LD_{50}值、急性吸入毒性LC_{50}值都大于 2000mg/kg，有的甚至超过 5000mg/kg，属于低毒或微毒农药。因此，与人们日常使用的食品和许多药品相比，绿色农药的LD_{50}值与其相当甚至更大。此外，绿色农药还要求对动物皮肤、眼睛基本无刺激性，致敏试验要求弱致敏性，遗传试验结果为阴性，无致畸性、无致突变性、无致癌性。这也表明，绿色农药的安全性是有保障的。

表1 农药产品毒性分级标准

毒性分级	经口半数致死量 / (mg/kg)	经皮半数致死量 / (mg/kg)	吸入半数致死浓度 / (mg/m^3)
剧毒	≤ 5	≤ 20	≤ 20
高毒	>5 ~ 50	>20 ~ 200	>20 ~ 200
中等毒	>50 ~ 500	>200 ~ 2000	>200 ~ 2000
低毒	>500 ~ 5000	>2000 ~ 5000	>2000 ~ 5000
微毒	>5000	>5000	>5000

34. 为什么要禁止使用氟虫腈？

　　氟虫腈是由德国拜耳公司开发的一种高效广谱杀虫剂，其作用机制是通过干扰中枢神经系统的正常功能导致昆虫中毒死亡。氟虫腈的持效期长，对蚜虫、叶蝉、飞虱、鳞翅目幼虫、蝇类和鞘翅目等害虫有很高的杀虫活性。氟虫腈于1993年进入美国市场，1994年被引入中国。

　　水稻是我国的主要粮食作物，二化螟和稻纵卷叶螟是危害水稻的重大害虫。长期以来，甲胺磷是我国水稻生产中防治二化螟和稻纵卷叶螟的当家品种。甲胺磷是剧毒农药，虽然禁用甲胺磷提了很多年，但由于缺乏替代品种，一直没法真正实现。氟虫腈被引入中国市场后，由于其对水稻害虫表现出极其优异的防治效果，很快就成为全国农业技术推广服务中心重点推广的防治稻纵卷叶螟和螟虫的当家品种，也是当时替代甲胺磷等高毒农药的不二选择。因此，我国才下定决心在2007年全面禁止甲胺磷。但是，随着氟虫腈的大面积推广应用，其对环境生态的影响逐渐显现出来。由于氟虫腈对蜜蜂、水生生物毒性很大，施用后对农作物周围的蝴蝶、蜻蜓等造成影响，对环境

"虽然你杀虫效果好，但对环境有益生物的毒性太大了，只好禁掉你。"

极不友好。2008 年，美国杜邦公司新开发出一种名为"康宽"（有效成分：氯虫苯甲酰胺）的杀虫剂，不仅毒性很低，对环境友好，而且防治水稻二化螟和稻纵卷叶螟的效果一流，完全可以替代氟虫腈。因此，2009 年 3 月，农业部、工业和信息化部、环境保护部联合发布第 1157 号公告：鉴于氟虫腈对甲壳类水生生物和蜜蜂具有高风险，在水和土壤中降解慢，自 2009 年 10 月 1 日起，除卫生用、玉米等部分旱田种子包衣剂外，在我国境内停止销售和使用用于其他方面的含氟虫腈成分的农药制剂。

35. 农药残留会影响人的健康吗?

《食品安全国家标准 食品中农药最大残留限量》(GB 2763—2021)(以下称 2021 版 GB 2763)于 2021 年 9 月 3 日起正式实施。该标准全面覆盖了我国批准使用的农药品种和主要植物源性农产品,农药品种和限量标准数量达到国际食品法典委员会(CAC)相关标准的近 2 倍,标志着我国农药残留标准制定工作迈上新台阶。

农药最大残留限量是经过十分严谨的科学过程制定的。农药残留是施用农药后的必然结果,只要农产品中的农药残留没有超过规定的最大残留限量标准,农产品就是安全的,是可以放心食用的。

目前我国的农产品农药残留现状可以用三句话来概括,即"近年不断好转,总体现状较好,但仍存在隐患"。全国每年都会开展 3 ~ 5 次的农产品质量安全例行监测,结果显示农药残留超标率逐年持续下降,已从十年前的超过 50% 到目前的 10% 以下,而且残留检出值也明显降低,十年前检出超过 1mg/kg 农药残留量的蔬菜数量较多,但现在已很少见。即便如此,不断完善农药残留限量标准、健全农药残留监管体系仍然是一项十分重要和艰巨的任务。

农药最大残留限量保证了人们长期食用农产品的安全,但部分媒体却为了吸引读者眼球,叫嚣"即便单种农药残留不超标,若农产品中含有多种农药,这么多种农药加起来所产生的协同效应会造成更大的危害"。那么,农产品中多种农药的残留是否会产生协同毒性呢?

日本科学家伊藤信行将常用的 20 种农药混合在一起投喂小鼠一年,研究其协同毒性。试验设置了两个小组,投喂量分别为各种农药的 ADI 相当值以及 100 倍 ADI 量的混合物。结果发现,100 倍 ADI 量的投喂组中部分小鼠表现出毒性,而 ADI 相当量的投喂组中,未发现任何影响,也未发现协同毒性。这一结果表明,最大残留限量标准值以下的微量农药残留是不会产生协同毒性的。

残留≠超标

36. 为什么某个时期内频繁发生农药残留超标事件?

在 2020 年以前的一段时期内,有关农药残留超标的事件频繁见诸报道。例如,2018 年 9 月 7 日,海南省食药监总局组织抽检农产品 171 批次,其中抽样检验项目合格样品 161 批次,10 批次样品农药残留超标,超标农药主要为毒死蜱。同年 9 月 18 日,南方农村报讯,河南省新郑市某市场所卖长豆角农药残留超标,超标农药为灭蝇胺。2019 年 8 月,某地著名生鲜超市所销售的韭菜造成消费者轻微食物中毒。经市场监管所检查,该超市韭菜中"腐霉利"残留超标 4 倍多。那么,是什么原因导致农药残留超标事件频繁发生呢? 归纳起来,主要有以下几方面:

其一,农业生产者滥用农药。部分农业生产者为了达到快速防治的效果,擅自加大使用剂量,甚至施用比推荐使用剂量高几倍的农药,导致农药在正常采摘期上市的农产品中无法完全代谢,从而导致农药残留超标。

其二,长期使用单一种类的农药,导致产生严重的抗药性。推荐剂量已经无法达到理想防治效果,使用者不断加大使用剂量,结果导致农药残留超标。

其三,2017 版《农药管理条例》实施以前,我国对农药的监管较为松散,使用者不了解滥用农药的危害,久而久之,一些不法者认为有机可乘,抱着侥幸的心理,只顾眼前利益而使用违禁农药。在加强农药监管之后,这些问题自然而然就暴露在公众面前。

其四,农药残留标准日趋严格。我国于 2014 年、2016 年、2018 年、2019 和 2021 年先后五次对农药残留食品安全国家标准进行修订,对农药残留的监管不断加强,最大残留限量标准涵盖的农药品种数量也已超过 CAC 和美国,基本接近欧盟,基本覆盖我国批准使用的农

药品种和主要植物源性农产品。很多以前没有涵盖的农药也开始有限量标准了，部分农业生产者还没有适应这些新的变化，仍然按照以往的习惯来使用农药，结果造成农药残留超标。

其五，社会关注度增加。随着生活水平的提升，人们对食品的追求从"吃饱"转变为"吃好"，越来越多的公益组织也开始关注农产品安全，让各种农产品安全问题集中暴露在公众面前。当然，这其中也存在部分因专业知识缺失而导致的误报，还有部分媒体为吸引公众注意，刻意频繁、重复报道农产品安全新闻，甚至传播假新闻，让公众产生一种农产品安全事件频发的错觉。

通过上述分析可以看出，农产品安全的报道越来越多，不是因为农产品变得不安全了，而是因为国家加强了监管力度，提高了食品安全标准，同时全社会的参与，使以往比较隐蔽的问题集中暴露在公众面前，这其实是有利于加强食品安全的好事。近年来，我国农产品质量安全例行监测中农药残留合格率均在97%以上，我国的农产品质量安全总体可控。

37. "毒韭菜"事件是怎么回事？

2010 年 4 月 1 日，青岛某医院陆续接到 9 名食用韭菜后中毒的患者，他们均出现了头疼、恶心、腹泻等症状，经医院检查属于农药残留超标韭菜引起的有机磷农药中毒。尽管"问题韭菜"的市场检出率不足 1%，但青岛"毒韭菜"事件仍导致一些消费者"谈韭色变"，市场上韭菜销量锐减，无辜菜农蒙受损失。

无独有偶，2011 年 3 月 25 日，河南省某市发生"毒韭菜"事件。消费者食用了同一个流动菜摊上买的韭菜，10 人都出现同样症状，如腹痛、恶心、眼皮跳、呕吐等症状。医生确诊为农药残留超标韭菜引起的有机磷中毒。2012 年 5 月 1 日，济南天桥区某小区，两家七口人因吃了从同一家菜商购买的韭菜后发生有机磷农药中毒情况，事件被报道后导致山东济南韭菜一度滞销。

"正月葱，二月韭"。韭菜本是一道很多人喜爱的美味，一般没有严重的病虫害，按理说极少使用农药才对，为什么会频繁发生食用韭菜而中毒的事件呢？

　　韭菜是一种多年生宿根蔬菜，它有个致命的天敌，那便是地蛆，种植户称之为韭蛆，也叫钻心虫。这种虫子生在土里，专咬韭菜的根，根部被咬断，韭菜就无法正常生长。特别是反季节大棚种植的韭菜，湿度和温度均十分适合韭蛆的生长，种植户往往会采取灌根施用农药的方式进行防治，如果使用了违禁高毒农药，就会导致"毒韭菜"事件发生。

　　经调查发现，青岛"毒韭菜"事件中用于韭菜灌根的农药是3911。3911是一种有效成分为甲拌磷的有机磷杀虫剂，属于剧毒农药，而且残效期长。国家明令禁止在蔬菜上使用甲拌磷。

　　为什么国家明令禁止在蔬菜上使用甲拌磷，韭菜种植者却仍然使用其进行灌根呢？一方面是因为甲拌磷对韭蛆的防治效果非常好，而且价格便宜，菜农为了追求效益，所以违规使用甲拌磷进行韭菜灌根；但根本原因还是不懂法、不守法或知法犯法、监管缺失等。另外，市面上缺少对韭蛆具有很好防治效果的、价格低廉的低毒农药，也是一个重要原因。

　　"毒韭菜"事件告诉我们，农药必须科学使用，滥用农药将给人类健康带来危害。针对农业生产中的现实需求，研发更高效、更安全、更廉价的绿色农药是一个永恒的课题。

话说农药：
魔鬼还是天使？

38. "毒茶叶"事件是怎么回事？

茶叶是我国的一种重要经济作物和大宗出口商品，我国的茶园面积和茶叶年产量均居世界第一位，我国茶叶出口范围遍布亚洲、非洲、美洲和大洋洲等 130 个国家和地区。2021 年，习近平总书记在福建武夷山视察时指出："要把茶文化、茶产业、茶科技统筹起来，过去茶产业是脱贫攻坚的支柱产业，今后要成为乡村振兴的支柱产业。"

但是，随着茶产业的不断发展壮大，茶叶的质量安全问题也随之出现，茶叶中的农药残留超标问题屡屡发生。2009 年 5 月 20 日，福州生产的一款"庆芳名茶"铁观音因检出超出标准值两倍的滴滴涕被停售。2009 年 6 月，北京某公司生产的 4 种"品茗轩"散装绿碧螺新茶因查出重金属铅、农药滴滴涕含量超标，被责令全市下架。2011 年 6 月 18 日，黄山毛峰"大地迎春"因含有违禁农药"三氯杀螨醇"残留被停售。特别是，2012 年 4 月国际环保组织"绿色和平"在北京发布了一份关于 2012 年中国茶叶农药残留调查报告，更是激起强烈的社会反响。报告称，该机构于 2011 年 12 月和 2012 年 1 月先后在北京、成都和海口对 9 个茶叶品牌进行了随机抽样调查，并送第三方实验室进行农药残留检测，调查涉及 9 个品牌的 18 种茶叶，共检测农药种类 29 种，每种茶叶均含有残留农药 3 种以上。"绿色和平"的调查报告可谓一石激起千层浪，使人们对茶叶的安全深表担忧。然而，针对"绿色和平"组织的调查报告，所涉及企业纷纷表示，其产品符合国家标准，不存在农药残留超标。那究竟谁是谁非呢？

事实上，争议的核心是茶叶中的农药残留标准。"绿色和平"组织的检测是按照欧盟的标准进行的，而上述企业的产品执行的是中国的农药残留限量标准。例如，按照中国标准，噻嗪酮的最大残留限量为 10mg/kg，送检茶叶中的噻嗪酮残留含量最高的是八马茉莉花茶，为 0.3mg/kg，远未超标。但如果按照欧盟标准，噻嗪酮残留的最大限量为 0.05mg/kg，八马茉莉花茶中的噻嗪酮含量就远远超标了。中国茶叶流通协会负责人认为，不能简单地拿欧盟标准来衡量我国的农产品，欧盟不是茶叶生产国，每年从中国以及斯里兰卡等国家进口大量茶叶，欧盟标准在很多情况下是个技术壁垒性的标准，是从贸易保护的角度出发的。检测一个产品的质量，应该根据本国的行业标准，不能简单说茶叶检测出农残就是不安全的，这样会给消费者造成很大误解，对整个行业也会造成打击，是一种不负责任的行为。

　　俗话说，柴米油盐酱醋茶。茶是人们生活中的一种日常饮品，茶叶中的农药残留问题无疑比其他农产品更为敏感。和其他农产品一样，茶叶在生长过程中都会遇到病虫害。为了有效防治病虫害，使用农药进行防治是不可避免的。对于消费者而言，不管检测标准是按照国内的还是欧盟的，残留农药是否对身体健康有害才是关键。事实上，只要农药残留在限量标准以内，就不会对我们的身体健康造成危害，这一点在本篇第 35 问就已有介绍，在此不再赘述。

　　话说农药：
　　魔鬼还是天使？

事实上，我国对茶叶的农药残留管控极其严格。经过多次修订，我国对茶叶的农药残留限量标准正在逐步与世界限量标准接轨。目前，我国茶叶中农药残留限量标准已达到65项，欧盟、日本、韩国、印度、美国和CAC的茶叶农残限量标准分别为483项、223项、68项、35项、35项和24项。在数量上，我国茶叶农残限量已处于国际中上水平，其中部分标准甚至比发达国家的限量要求更为严格。因此，我国市场上的茶叶总体是非常安全的，是可以放心饮用的。

39. "毒生姜"事件是怎么回事?

"冬吃萝卜夏吃姜,一年四季保健康",这是我国民间流传的一句谚语,说明生姜对人体健康的重要作用。我国生姜的主要产地在山东,山东生姜产量占全国八分之一,出口量位居第一。2013年,中央电视台记者准备对山东生姜种植大市潍坊作一次典型正面报道,但在采访过程中却发现,当地部分田间地头有丢弃的一种叫"神农丹"的农药包装袋,包装袋正面印有"严禁用于蔬菜、瓜果"的大字,背面有骷髅标志和红色"剧毒"字样。记者马上意识到这不是一般的小问题,而是涉及千家万户的农产品安全问题。于是,记者走访了当地的10多个村庄,结果发现非法使用"神农丹"的情况较为常见,违法使用剧毒农药种植生姜在当地已是公开的"秘密"。2013年5月4日,中央电视台《焦点访谈》以"管不住的'神农丹'"为题,对该事件进行了曝光,引起了全社会的广泛关注。

"神农丹"的主要成分是一种叫涕灭威的剧毒农药,是国家早已列入限制性使用清单的农药之一,明令禁止在蔬菜生产中使用。按照神农丹登记证的规定,只能用于棉花、烟草、月季、花生和甘薯。使用说明书还特别规定,在甘薯地里,仅限河北、山东、河南春天发生严重线虫病时使用;在花生地里,仅限于春播花生使用。之所以有限制地批准神农丹在甘薯和花生上使用,一个重要的原因是这两种作物的生长期较长,实验证明是可以保证安全的。即使在这些作物上使用,对用药量、用药次数、用药方法也有严格的限制。使用说明书还标明,在甘薯地里使用时,安全间隔期是150天。安全间隔期是指从最后一次施药到作物中农药残留量降到最大允许残留量时所需的时间。

在生姜生长过程中,主要病害为土壤中细菌和线虫引起的姜瘟病、根结线虫病,如果不进行防治,生姜产量降低一半,严重时甚至绝收。防治这两种病害的有效方法是使用农药进行灌根治疗,为了追求经济利益，姜农违规使用大量没有在生姜上取得登记的农药，部分农户甚至铤而走险，使用国家禁用的高毒农药"神农丹"，结果导致了"毒生姜"事件。

根据调查发现，农资销售人员在明知"神农丹"在当地禁止销售的情况下仍违规售卖；而当地姜农为了利润，则违规使用违禁农药"神农丹"。更令人感到震惊的是当地姜农表示"这些有毒生姜，自己从未吃过"，同时，潍坊对外出口姜并未查出农药超标，仅内销姜的"神农丹"超标。据了解，潍坊当地出产的生姜分出口姜和内销姜两种。因为外商对农药残留检测非常严格，所以出口基地的姜都不使用高毒剧毒农药。而在潍坊生产的内销姜对农药残留实行的是抽查制度，一年抽查次数较少。而且加工内销姜生意的老板说："检测都是自己送样品，只要找几斤合格的姜去检验，就可以拿到农药残留合格的检测报告。"

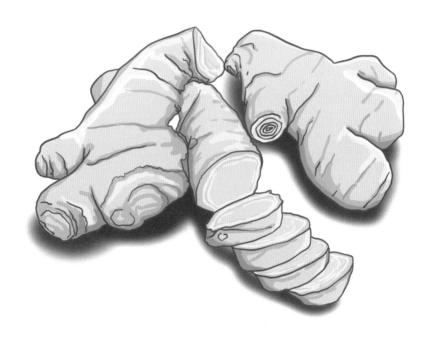

这些管理上的漏洞，使得姜农肆无忌惮大卖"毒生姜"，让一颗毒生姜毁了一锅良心汤。害人终害己，违规销售、使用高毒农药的不法之徒最终都受到了法律的制裁，相关监管负责人也受到相应处理。

从"毒生姜"事件可以看出，农药的安全问题已经主要不在农药生产环节，而在农药使用环节。我国的一个现实国情是，使用农药的是千千万万的分散种植户，如何提高这些分散种植户的科学用药知识，是关系到农产品质量安全的一个关键。此外，在利益的驱使下总有人铤而走险，而管理的缺失更会助长这些违法分子嚣张的气焰。文明的制度约束人性，落后的制度放纵人性。所以，食品安全必须要监管先行,科学用药和严格监管双管齐下才能从根本上保障农产品质量安全。

40. "毒草莓"事件是怎么回事?

2015 年，央视财经频道《是真的吗》栏目播出了一组有关草莓的报道。记者把从市场随机购买的 8 份草莓样品送到北京农学院进行检测，结果发现 8 份样品中均检测出乙草胺。节目一经播出，包括央视在内的 30 多家新闻媒体纷纷对"毒草莓"进行了深度报道，引发了全社会的广泛讨论。事件发生后，北京市对全市 16 个区县的草莓进行了专项抽样检测，检测结果显示草莓未检出乙草胺农药残留超标，与央视财经频道报道的抽检结果不一致。

一边是权威央视的报道，另一边是全市大范围的抽检，到底谁真谁假？

乙草胺是一种应用广泛的选择性芽前除草剂，主要用于大豆、花生、玉米、油菜、甘蔗、棉花等旱田作物防除一年生禾本科杂草及某些双子叶杂草。乙草胺为低毒性除草剂，对人、畜、作物安全，在土壤中持效期为 6 ~ 10 周，对下茬植物没有明显影响。

我国规定乙草胺的使用范围不包含草莓，如果使用，则属违法行为，应该严厉打击。草莓是草本植物，对除草剂非常敏感，使用乙草胺会对草莓幼苗造成伤害，甚至杀死幼苗。更重要的是，草莓种植大多数采用地面覆膜，以防止草莓触地后发生霉变而降低品质和产量，而覆膜的另一个效果就是抑制杂草生长。所以，种植草莓的过程中几乎不需要打除草剂。且草莓的生长期大概 8 周，即便是部分农民在草莓出芽前使用过乙草胺，草莓中也不大可能出现乙草胺残留超标。所以说，从草莓中检测出乙草胺超标是一件"很诡异"的事情，也不排除误测的可能性。经过一系列调查后，央视网最终将当期《是真的吗》节目中有关草莓的内容删除了。同时北京市网信办、北京市科协等部门联合相关农业主管部门、专业检测机构、专家学者等对"吃草莓致癌"进行辟谣。但这次误报却对广大草莓种植者造成了 2000 余万的经济损失，这也从侧面反映出社会大众的行为非常容易被媒体引导或影响，同时公众面对谣言抱着"宁可信其有"的态度盲目跟风，成为了谣言的助推者。

近年来农产品安全问题频发，造成社会大众对农产品安全问题存在过激反应，对事件的信息来源不做深入了解，盲目跟风。一些媒体在报道食品安全这类大众关心且专业性强的问题时，既没有进行严格的科学验证，也没有请权威机构或专业人士进行科学解读，而是一味夸大其词，以求博得公众关注。殊不知这样做的后果，不仅造成了不必要的社会恐慌，而且给相关产业的发展带来严重的伤害，造成巨大的经济损失。

"毒草莓"事件虽以误报结束，但从侧面反映了有些部门或媒体对农药不了解，对农药缺乏科学认识。因此，开展农药科普是非常必要的。此外，监管部门应当加强对食品安全舆情的舆论引导，支持和鼓励相关行业组织依据法律法规的要求对制造、传播不实信息的机构提起诉讼，迫使媒体在报道食品安全话题时更谨慎、更客观，促使更优秀的媒体脱颖而出。

话说农药：
魔鬼还是天使？

41. "毒大葱"事件是怎么回事？

《黄帝内经》中记载的"五谷为养、五果为助、五畜为益、五菜为充"的饮食原则中，五菜中就包括葱。葱中所含大蒜素，具有明显抵御细菌、病毒的作用，尤其对志贺菌属病原菌和皮肤真菌抑制作用更强。因此，很多养羊专业户通常会在饲料中添加大葱来加强羊的免疫力。但如果添加的大葱中含有超标的高毒农药残留，就可能使保护羊的"免疫药"变成了羊的"催命符"。

2017年8月24日，山东寿光的养羊户从大葱贮存冷库捡来丢弃的葱根、葱外叶等边角料喂羊。本想增加羊的免疫力，不曾想羊吃过这些葱根、葱叶后，出现了中毒症状，结果100多只羊中毒死亡。当地卫生检疫站对喂羊的大葱叶进行检测，结果检出了我国禁用的农药甲拌磷。经过调查，造成羊中毒的这批大葱是寿光田柳镇大葱收购商从沈阳购进的，一共有5.2万斤。经检测，这批大葱中的甲拌磷含量都超标。于是，公安部门立即成立专案组赶赴沈阳市种植地进行追根溯源，发现涉事大葱是沈阳孟某承包种植的。根据孟某的交代，为了控制大葱的病虫害，他将甲拌磷等剧毒农药使用机械灌溉、喷洒到了大葱上，使得大葱存在剧毒农药甲拌磷残留，羊吃了含剧毒农药的大葱后死亡。种植、销售大葱的两名沈阳农户分别因"生产、销售有毒、有害食品罪"和"生产有毒、有害食品罪"获刑7个月和6个月。

在本篇第37问中就已经介绍过，甲拌磷是一种剧毒的有机磷杀虫剂，早在2002年农业部便已明令禁止在蔬菜、果树、茶叶、中药材上使用。但一些不法之徒在利益的驱使下，仍然知法犯法，滥用农药。在调查"毒大葱"事件的过程中还发现，在当地的种子农资批发市场购买甲拌磷等剧毒农药竟然不需要登记身份证等个人信息，这反映出当地农资销售环节的管理缺失，从而给一些不法分子可乘之机，这也是导致"毒大葱"事件发生的一个重要原因。此外，"毒大葱"

不是在某个环节被检测出来的，而是"替罪羊"吃出来的。虽然"替罪羊"阻止了这批问题大葱走向消费者的餐桌，但食品安全不能指望通过"替罪羊"的"以身试毒"来保障，而必须依靠完善的监管体制予以保障。

"毒大葱"事件再次告诉我们，加强农药的市场监管，普及农药科学知识，科学使用农药，是避免因农药残留超标引起食品安全事件发生的关键!

2022年3月，农业农村部发布第536号公告，自2024年9月1日起禁止销售和使用甲拌磷。

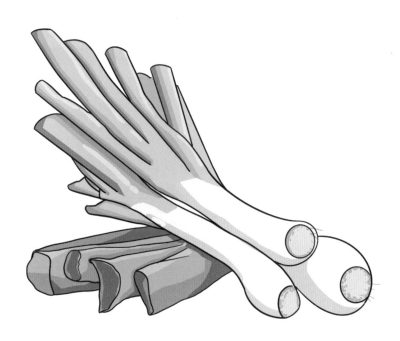

话说农药：
魔鬼还是天使？

42. 敌敌畏与海参的一场误会

2019 年 10 月，央视财经记者来到山东即墨栲栳湾海参养殖基地，发现池塘边堆放着近百个敌敌畏的农药玻璃瓶。通过与养殖户交流得知，每一茬海参养殖过后，养殖户会想办法清理积留在池塘里的不利于海参生长的生物，一个常用的办法就是往池塘里加入敌敌畏。敌敌畏是一种高毒的有机磷农药，难道不怕将海参杀死吗？ 2020 年 7 月 16 日，因新冠疫情推迟四个月的中央电视台"315"晚会曝光了即墨海参养殖过程中违规使用高毒农药敌敌畏的问题，将海参的质量安全问题推向风口浪尖。

问题曝光后，农业农村部高度重视此事，第一时间派出工作组赶赴山东即墨，会同青岛市有关部门组成联合工作组，迅速开展现场勘查和调查取证工作。7 月 19 日农业农村部官方发布消息，称有关部门对事发基地水体、底泥、海参进行了取样检测，抽检的 66 批次样品均未检出敌敌畏成分。

央视报道中明确指出，养殖户确实使用了敌敌畏，对此养殖户也是承认的。既然明明使用了敌敌畏，那为什么农业农村部却没有检出呢？原来央视报道的是，敌敌畏是用来养殖前清理池塘的（养殖户称为"清池"），而不是在养殖过程中使用。那什么是清池呢？这是池养海参的一道工序，就是在把参苗投到海参池进行养殖之前，需要对池底进行无公害处理，杀死对海参有影响的藻类或菌类。使用敌敌畏后，要进行大约 20 天的暴晒，投放海参苗前，还须用硫代硫酸钠进行解毒，并用大量的水清洗池塘。虽然敌敌畏是一种高毒农药，但是具有高水溶性和易挥发性，降解快，在土壤环境里的半衰期只有一到两天，在碱性环境下更容易降解。而海水本身就呈碱性，所以敌敌畏在海水环境里，不会长时间存留。因此，清池过程结束后，敌敌畏也基本被降解和挥发掉了，所以在投放海参苗时，池塘内也就基本没有敌敌畏残留了，海参样品中自然也就检测不出敌敌畏了。

　　看来，敌敌畏海参其实是一场误会。敌敌畏是用来清池的，而不是将敌敌畏直接投放到放养有海参的水池中去。况且，并不是所有的养殖池都会清池，需要使用敌敌畏"清池"的养殖池塘，多数属于滩涂池，而岩礁池相对较少。事实上，敌敌畏并不在国家水产养殖禁用药品名单内。对于一线养殖户来说，不在禁用名单里就意味着可以用。但是，我国《农药管理条例》明确指出，不准擅自扩大农药使用范围。因此，从这个角度讲，将敌敌畏使用到水产养殖上也是一种违规行为。敌敌畏海参事件说明，有时不同部门制定的制度之间会存在衔接上的漏洞，这就给普通社会公众造成了认知困扰。当然，此次事件可以倒逼水产养殖领域及农药管理领域进一步细化完善相关管理办法，填补制度漏洞。

　　话说农药：
　　魔鬼还是天使？

43. 日常生活中使用农药需要注意什么?

在炎热的夏季,人们往往使用卫生杀虫剂来防控蚊虫。随着物质生活水平的不断提高,养殖花卉成为很多人日常生活中的重要内容。近年来,"城市菜园"的发展帮助很多城市居民实现了晴耕雨读的惬意梦。在享受花卉和城市菜园的时候,我们不可避免地会接触到农药。因此,了解科学使用农药的知识是非常重要的。那么,日常生活中使用农药时需要注意什么?

首先,我们要认真了解农药使用说明书,弄清楚所用农药的毒性等级、防治对象以及使用注意事项。农药可分为剧毒、高毒、中等毒、低毒、微毒 5 个级别,农药标签中均采用标识和文字进行了标注,具体在第 26 问和第 33 问进行了介绍。

其次,严格按照说明书要求使用农药,遵守操作规程。配制药液或使用农药拌种时,需戴防护手套,并做好口眼鼻的防护,注意检查防护手套是否有破损。如果手上不小心沾染了一些农药,要立即用肥皂水反复清洗。

再次,喷洒农药前,要检查器械工具是否有泄漏情况。如果喷洒过程中,药液漏在衣服或皮肤上,要立即更换衣物,并用肥皂水清洗皮肤。夏天喷洒农药最好在早晨和傍晚进行,喷洒时要穿戴长袖上衣和长裤,并穿胶鞋和戴口罩,喷洒完毕后立即更换衣物,并将更换下的衣物用肥皂清洗,同时洗手、洗脸,有条件最好洗澡。喷洒时不要逆风向作业,也不要人向前行而左右喷药,更不要多人交叉站位近距离喷药。

然后,施药过程中,不要吃东西、饮水或吸烟。喷洒作业时,不要连续工作时间过长,也不要施药后不久就进行田间劳动。老人、儿童、孕妇和哺乳期妇女容易发生农药中毒,最好不要进行施药作业。

最后,家中的农药要妥善保存,放在儿童接触不到的地方,最好加锁。贮存农药的地方要远离食物或水源，以避免污染食物和水，切不可与食品混放。室内喷洒农药（如卫生杀虫剂）后，在人进入前要先开窗通风一段时间。采用室内熏蒸（如烟雾剂类卫生杀虫剂）的方式使用农药时，要紧闭门窗，并有人看守，避免其他人贸然进入发生中毒。

另外，严禁对收获期的粮食、蔬菜、水果施用农药。不要在放置食物和餐具的地方喷洒农药，也不要喷洒在儿童玩具、床铺上。喷洒完农药的器具要及时清洗，安全保存，避免让儿童拿到，更不要让儿童当作玩具玩耍。

严防儿童接触农药

为了避免发生农药中毒，农药要妥善保管在固定的、安全的地方，最好加锁

44. 带虫眼的果蔬真的更安全吗?

"有虫眼的蔬菜肯定没有喷过农药,吃起来更安全。"不知从何时起,这种观点风靡一时,上至大爷大妈,下到年轻白领,纷纷把这作为购买安全蔬菜的秘籍,专挑"有虫眼的蔬菜"。那么,有虫眼的菜叶,真的会更安全吗?

答案显然是否定的!

首先,蔬菜的种类繁多,不同的蔬菜往往具有不同的成分和气味。有些蔬菜容易发生虫害,通常被称为"多虫蔬菜",如常见的鸡毛菜、大白菜、卷心菜、花菜、豇豆等。有的蔬菜却很少发生虫害,被称为"少虫蔬菜",如常见的胡萝卜、洋葱、大蒜、大葱、香葱、香菜、莴笋、芹菜等。因此,有的蔬菜上只有少数虫眼或者没有虫眼,有可能是因为它们本身就不受害虫"欢迎",并不是因为喷洒了过量的农药。

其次,蔬菜上有虫眼只是害虫"光顾"过的证据,并不能说明是否使用过农药。事实上,在种植蔬菜的过程中,农民都会按照一定的规律使用农药来防治虫害。尤其是,当发现蔬菜被害虫吃出洞的时候,农民往往会进一步加大农药剂量甚至使用多种农药进行联合防治。蔬菜上有虫眼却看不见虫子,是由于使用农药除去了虫子,虫子脱落了。值得注意的是,成虫的出现晚于幼虫,有成虫虫眼的蔬菜意味着比有幼虫虫眼的蔬菜使用了更多的农药。因此,"有虫眼的蔬菜肯定没有喷过农药"的说法是不科学的,也是不符合农业生产实际的。与没有虫眼的蔬菜相比,有虫眼的蔬菜上残留的农药甚至可能会更高。

有人曾经专门做过对比试验。种植三盆蔬菜,一号盆在虫害发生的早期就使用高效低毒农药,消灭虫卵和幼虫,结果这盆菜没有虫眼,长得青翠可爱,农药用量也少。二号盆一直等到蔬菜上有虫眼了再使用农药,结果这时候已经是成虫了,生命力很顽强,用来对付虫卵和幼虫的使用剂量起不了作用,只能提高几倍的剂量才能杀死成虫,结果这个盆里的菜长大了之后还带有虫眼，但显然农药残留要高于一号盆。三号盆的菜完全不使用农药，结果虫子把菜叶子吃得千疮百孔，甚至有的菜连叶子都完全没有了，根本没法吃。由此可见，虫眼只能说明蔬菜遭受过虫害，并不能说明没有使用过农药。

其实，蔬菜上有虫眼也就意味着蔬菜的完整性受到了破坏，微生物更容易乘虚而入，污染蔬菜内部，蔬菜的营养价值会大幅降低。微生物在蔬菜体内繁殖，还有可能代谢产生有毒有害物质。所以说，有虫眼的蔬菜不仅不安全，甚至有可能还存在有毒有害物质，对人体健康更加不利。

总之，带有虫眼的蔬菜不但不安全，反而有可能更加危险，所以虫眼不应作为购买时对蔬菜的挑选标准。

近年来，全国农产品抽查结果显示，蔬菜的农药残留合格率一直保持在较高水平，且逐年提高，总体上是可以放心食用的，没有必要过度焦虑。

45. 一旦发生农药中毒怎么办？

　　"农药中毒"是一个在媒体中频频出现的热点话题，也是世界各国尤其是发展中国家的一个重大公共卫生问题。2017年，印度棉农在棉花地中喷洒农药时未做好防护措施，发生农药中毒事件，造成至少19名农民丧生，438人住院。2018年，法国东部曼恩‑卢瓦尔省接连发生3起威百亩农药中毒事件，导致100多人受到影响。2018年，河南出现多例因熏麦药（磷化铝）引起儿童中毒的事件。

　　农药中毒可分为消化道的吸收、呼吸道的吸入、皮肤黏膜的接触吸收三种。据统计，农药中毒事件中，涉及误服农药或服用农药自杀的占总事件的65%，操作失误占19%，其他占16%。一般来说，根据中毒程度的轻重，主要症状表现为瘙痒等皮肤刺激症状、恶心及呕吐等方面的消化道症状、抽搐甚至昏迷等方面的神经系统症状、心律失常甚至心源性休克猝死等。

一旦发生农药中毒，可以采取以下急救措施：

清除尚未吸收的毒物。如果是口服引起的中毒，应及时采取催吐、洗胃、导泻等方法以排除尚未吸收的毒物。洗胃是经口中毒后及时清除尚未吸收毒物的主要手段，在中毒 6 小时以内最为有效，且越早洗胃效果越好，要反复洗、洗彻底，以清水为主，切记不要使用热水，每次灌入 300 ~ 500mL，每次洗胃的总量以 8000 ~ 10000mL 为宜。洗胃时要注意防止吸入性肺炎、肺水肿和脑水肿。如果是吸入性中毒，应立即离开中毒现场，将中毒患者转移到通风场所，保持患者的呼吸道通畅，呼吸新鲜空气，辅助吸氧设备。如果是接触中毒，应立即脱去污染衣物，用大量清水冲洗皮肤，切记不要使用热水冲洗，避免增加毒物吸收。如果毒物可以和水发生反应，应先用抹布清除污染物，再用大量清水冲洗。

如果中毒严重，应现场应急处理后及时送往就近的医院，进行对症治疗。千万不要为了追求医疗条件，舍近求远，以免耽误最佳救治时机。

46. 日常使用的卫生杀虫剂有哪些？

蚊虫叮咬不但会让皮肤起红色的小疙瘩，令人瘙痒难耐，还会传播细菌和病毒。所以，每到夏季，就需要使用卫生杀虫剂防治各种蚊虫，超市里就会上架诸多的卫生杀虫剂产品。

卫生杀虫剂直接使用于人类居住的环境，有的甚至需要长时间与人接触（如蚊香等），其保护对象是人，因而对安全性的要求极高，基本上属于微毒甚至无毒的。有机氯杀虫剂DDT虽然在灭蚊和防控疟疾方面做出了巨大贡献，但因蓄积毒性被世界很多国家限制使用或禁止使用。拟除虫菊酯类杀虫剂的出现，使卫生杀虫剂进入了微毒、超高效的发展阶段。

除虫菊被誉为植物王国中"最厉害的杀虫植物"，是最古老的杀虫植物之一。《周礼》记载，我国公元前一世纪时就有燃烧菊科类植物来驱虫的历史。拟除虫菊酯就是以天然除虫菊酯为模板改造的一类人工合成类似物，由于具有高效、低毒、低残留、易于降解的特点，对人畜安全，对环境污染小，因此被广泛应用于防治蚊、蝇、蟑螂、蚤、虱等多种卫生害虫。目前全球研发的拟除虫菊酯类杀虫剂大约有80个品种，我国批准登记用于防治卫生害虫的拟除虫菊酯类杀虫剂主要包括胺菊酯、右旋胺菊酯、烯丙菊酯、右旋烯丙菊酯、右旋反式烯丙菊酯、富右旋反式烯丙菊酯、生物烯丙菊酯、右旋烯炔菊酯、氯烯炔菊酯、右旋反式氯丙炔菊酯、苯醚菊酯、右旋苯醚菊酯、氯氟醚菊酯、炔咪菊酯、氟氯苯菊酯、苯醚氰菊酯、右旋苯醚氰菊酯、氟丙菊酯、氟硅菊酯等。特别值得指出的是，我国在拟除虫菊酯类杀虫剂研发方面目前已处于国际先进水平，先后创制出第二代拟除虫菊酯类杀虫剂氯氟醚菊酯、第三代拟除虫菊酯类杀虫剂右旋七氟甲醚菊酯，活性分别是右旋反式烯丙菊酯的17倍和76倍，迫使国外公司逐步退出中国菊酯类卫生用药市场。

虫媒疾病一直对人类健康构成严重威胁。近年来，我国河南、山东等省发生蜱传疾病，广东发生登革热、基孔肯雅热疫情也再次警示我们，虫媒病并没有因为经济的发展而远离，媒介生物控制始终是公共卫生领域的一个重要任务。因此，卫生杀虫剂是人类生活中必不可少的，随着我国创建卫生城市的深入和人民生活水平的不断提高，卫生杀虫剂的用量还将持续增长。

47. 中国真的是浸泡在农药里吗？

2016 年，"固废观察"微信公众号发表了一篇题为《怎么才能拯救浸泡在农药里的中国》的网文。该文采用大量失真的数据，以偷换概念的方式妖魔化农药，误导社会公众，一经发表便引起轩然大波。

文中写道："我国每年农药用量 337 万吨（国家统计局发布的数据），分摊到 13 亿人身上，就是人均 2.59 公斤！每人每年吃掉农药 2.59 公斤！"

中国人真的每人每年吃掉农药 2.59 公斤吗？真实的情况究竟是怎样的呢？

我国农药使用量数据的来源主要有 3 个，分别是 FAO 统计数据、国家统计局数据和全国农业技术推广服务中心数据，其中 FAO 和国家统计局的统计数据是将原药稀释成不同比例的农药制剂量，而全国农业技术推广服务中心的统计数据是原药折百量。337 万吨是国家统计局发布的 2013 年农药产量数据，其中有 45% 左右出口到国外。按照农药折百量数据，2015 年我国农药使用量 29.95 万吨，到 2018 年使用量为 26.84 万吨，2015 ～ 2018 年我国农药使用量减少 3.11 万吨，减幅 10.4%。

经常有一些专家在各种场合或立项报告中宣称，中国农药单位面积用量是发达国家的 2 ～ 3 倍（有些报告更高），中国 9% 的耕地使用了世界 50% ～ 60% 的农药，这是与事实严重不符的！据 2016 年的统计数据，全世界每年使用农药约 280 万吨（折百），其中，美国 30 万吨、巴西 35 万吨、墨西哥 11 万吨、加拿大 7 万吨、法国 6 万吨、日本 5 万吨、中国 29 万吨，中国占世界农药使用量的 10.4%。据 Phillips McDougall 的统计数据，2020 年世界农药市场销售总额约 460.93 亿美元，中国农药市场销售额约 78.21 亿美元，约占世界销售额的 16.97%。因此，无论是从哪种方式进行统计，中国的农药用量都不可能占世界用量的 50%。《科学》杂志根据 2005 ~ 2009 年的数据测算，就每公顷耕地上的农药使用量而言，美国是 2.2 公斤，法国是 2.9 公斤，英国是 3 公斤，中国是 10.3 公斤，约为美国的 4.7 倍。虽然这已经是十几年前的数据了，但由于中国的复种指数远高于欧美国家，如果考虑复种指数后，我国单位面积的农药使用量就比美国、巴西等国家低 10% ~ 20%。特别是实施农药减量增效行动后，我国的单位面积农药使用量进一步降低。2018 年我国的农作物总播种面积 1.659 亿公顷，单位面积农药使用量已经降至 $1.618kg/hm^2$。如果考虑到我国农药除用于农业外，还用于森林病虫害防治、收获后粮食贮藏、进出检疫、卫生害虫等，因此我国农业单位面积的农药用量比 $1.618kg/hm^2$ 更低。

文中还写道："中国有 1000 多种农药，却只有 20 多种害虫。"而真实的数据却是：根据全国农业技术推广服务中心的调查结果，我国有农业有害生物 3238 种，其中病害 599 种，害虫 1929 种，杂草 644 种，害鼠 66 种。农业农村部登记的农药有效成分不足 700 种。

该文还危言耸听地写道："这些农药 90% 进入我们的生态环境，危害着我们的健康。若想改变现状，实现自救，只能对农药说不，对化学农业说不，抛弃化工农业，拥抱生态农业，还大家一个没有农药的中国。"虽然我国的粮食连续十八年取得丰收，但每年的粮食进口量也不断创下新高，2021 年进口粮食 16453.9 万吨，同比增长 18.1%。如果我国禁止使用农药，粮食产量必然会大幅度下降，保障粮食安全就会成为一句空话。2021 年斯里兰卡陷入严重的粮食危机，其深层次的原因就是斯里兰卡政府推动的所谓"绿色农业革命"，禁止进口化肥和农药，鼓励纯有机农业生产方式，宣称这将使斯里兰卡成为"世界上第一个禁用化肥和农药的国家"。结果，禁令颁布不到一年，国家就陷入严重的粮食危机，在全国各地持续一年的抗议浪潮下，斯里兰卡政府不得不取消禁令。斯里兰卡粮食危机事件说明，不使用农药和化肥，粮食安全是无法保证的。

这篇文章的中心思想其实就是将农药妖魔化，使人们对农药产生恐惧，鼓吹有机农业。事实上，农药不仅可以减少产量损失，很多情况下还可以提高农产品的品质。据统计，农产品因真菌感染而产生的毒素有 300 多种，常见的有黄曲霉毒素、呕吐毒素、玉米赤霉烯酮、展青霉毒素等，这些残留在农产品上的毒素会对人体健康造成危害。科学家们曾经分析了 200 多个苹果汁样本，结果发现有机苹果汁（也就是没有使用化学农药的苹果加工的）中的展青霉毒素的浓度是普通苹果汁（使用化学农药的苹果加工的）中的 4 倍。意大利科学家还曾经对市售的果汁进行过检测，结果 26% 的普通种植水果的果汁中可检测到展青霉毒素，而 45% 的有机种植水果的果汁中可以检测到展青霉毒素。这说明，完全不使用农药的农产品不一定比使用农药的农产品更安全。

当然，农药有利也有弊，滥用和不合理使用农药确实会对人类健康和生态环境造成严重危害。这些问题也引起了政府部门的高度重视，先后出台了一系列制度加强管理。从根本上来讲，解决这些问题需要全社会的共同努力，要多管齐下，一方面要研发出更安全更高效的农药，加快高毒高残留农药的替代；另一方面，要加强农药科学知识普及，科学使用农药，保证农产品质量安全。目前，我国先后禁止了 50 种高毒农药的生产和使用以及明确了 16 种农药的限制使用范围，农业生产中的高效低风险农药占比超过 90%，农药使用量也显著减少，农药利用率明显提升。

信科学
不信谣
不传谣

农药的首要任务是保护农作物的生产安全，确保农业丰产增收。

生活篇

48. 绿色食品和有机农产品不使用农药吗?

绿色食品和有机食品越来越受到人们的青睐,很多人认为绿色食品和有机农产品是不使用农药的。真的是这样吗?

绿色食品是对无污染、安全、优质食品的总称,是指产自优良生态环境,按照绿色食品标准生产,实行土地到餐桌全程质量控制,按照《绿色食品标志管理办法》规定的程序获得绿色食品标志使用权的、安全优质的食用农产品及相关产品。绿色食品标准分为两个技术等级,即 AA 级绿色食品标准和 A 级绿色食品标准。绿色食品在生产过程中,对各种生产资料的使用都有一个原则性的规定,包括农药、肥料、添加剂等。2020 年,农业农村部发布了最新的国家农业行业标准《绿色食品农药使用准则》(NY/T 393—2020),规定 AA 级绿色食品和 A 级绿色食品生产过程中允许使用的农药清单。其中, AA 级绿色食品生产允许使用的农药基本上都是植物和动物源农药、矿物质源农药、微生物源农药以及生物化学农药, A 级绿色食品生产允许使用的农药清单中,除了 AA 级绿色食品生产允许使用的农药外,还包括 141 种化学合成农药。

有机食品是指来自于有机农业生产体系,根据国际有机农业生产要求和相应的标准生产加工的,并通过独立的有机食品认证机构认证的一切农副产品的统称。这里所说的"有机"与化学专业上"有机"的概念是不同的,它代表的是一种耕作和加工方式。有机食品的生产和加工,不使用化学农药、化肥、化学防腐剂等化学合成物质。到目前为止,我国还没有类似绿色食品一样的有机食品农药使用准则,也没有专门的有机食品标准,有机食品是按照 2019 年修订后的《有机产品 生产、加工、标识与管理体系要求》(GB/T 19630—2019)执行的。该标准规定了有机植物生产过程中允许使用的农药清单,基本上与 AA 级绿色食品生产允许使用的农药品种相似,都是植物和动物源农药、矿物质源农药及微生物源农药。

从上面的介绍可以看出，无论是有机食品，还是绿色食品，生产过程中不是绝对不使用农药的，而是对允许使用的农药品种有明确的限定。事实上，无论是化学农药，还是生物源农药，如果被滥用或者不合理使用，同样会对食品安全造成危害。农产品是否安全的关键在于科学合理使用农药，确保农药残留在限量标准以内。

近年来，一些商家为了逐利，纷纷打起"概念牌"，"有机大米""有机蔬菜""有机猪肉"等越来越多的"有机食品"出现在各大超市和电商平台上，且价格不菲。但这些所谓的有机食品是否真正达到了有机产品的质量标准，还是得打个问号。有机产品的认证程序非常复杂，网络上一些代办"有机食品认证服务"的第三方认证公司，承诺"一次通过认证"，这种收费认证的行为使人们对一些有机产品认证的公信力产生怀疑。此外，少数企业只有个别产品得到了认证，却把自己所有的产品都贴上有机牌，牟取暴利。因此，加强有机食品的监管任重道远！

49. 西方发达国家农业生产真的不使用农药吗？

每当农药残留超标引发食品安全事件时，一些媒体为吸引读者眼球，常常将我国的农药使用情况与国外情况进行比较，甚至一些媒体还会抛出诸如"西方发达国家农业生产不使用农药"的报道，似乎只有中国的农业生产才会发生病虫害，发达国家的农业生产根本就不发生病虫害一样。如果是真的，那为什么现代农药最早起源于西方发达国家呢？

还是让我们来了解一下一些发达国家的农药使用情况吧！

德国是一个农业现代化程度非常高的国家，农药科技创新始终居于世界领先水平，拜耳公司和巴斯夫公司都是世界著名的农化企业。德国 80% 以上的农产品都能自给，粮食产量位居欧盟国家前列，这里面少不了每年约 3 万吨农药（折百，下同）的贡献。法国是欧盟第一农业大国，农业种植面积约 2900 万公顷，每年需使用约 6 万~7 万吨农药。意大利也是欧盟的农业大国，其生态农业十分发达，农业总产值仅次于法国和德国，同时也是欧洲的农药使用大国，农药使用量仅次于法国，年使用量约 4.5 万吨。荷兰虽然国土面积小，耕地面积只有 185 万公顷，却是一个农业大国，具有高投入、高产出的特点。荷兰的单位耕地面积的农药使用量约 $4kg/hm^2$，位居欧洲国家前列，远高于法国、英国和德国。西班牙是世界主要的橄榄油生产国和葡萄种植国，仅仅杀菌剂的使用量，每年就在 4 万吨左右。

美国是世界上农药使用量最大的国家之一，年使用量在 30 万吨左右。美国还是当前的世界农药科技创新中心，科迪华（由杜邦、陶氏益农重组而成）、孟山都（现已被拜耳公司收购）都是全球著名的领先农化企业，美国主要是通过降低农产品中农药残留限量标准、对农药品种开展再评价等手段来减少或限制农药使用带来的风险。加拿大是美国的邻国，也是世界上农业最发达、农业竞争力最强的国家之一。由于气候寒冷，病虫较轻，而草害很重，所以对除草剂的需求很大，仅草甘膦一年的需求量就在 3 万吨以上。加拿大没有原药生产能力，农药全部依靠进口。英国早在 1990 年就发布了关于农药使用政策的白皮书，通过多年的持续努力，农药的使用量获得了大幅度下降，但目前每年的使用量仍然接近 2 万吨。

日本和韩国是亚洲的发达国家，也是我们的邻国，他们的农药使用情况又是怎么样的呢？日本的农药创制研究居世界领先水平，一大批绿色农药新品种都是日本创制的。日本是一个农业耕地资源十分有限、农产品高度依赖进口的国家，贫瘠的土地和密集的人口，使得日本的农药使用量远高于欧美国家，2014 年的单位面积农药使用量为 11.85kg/hm^2。韩国尽管耕地面积小，但单位面积的农药使用量一直居世界前列，2013 年约为 9.6kg/hm^2，每年的农药使用总量约 2 万吨。

那其他的发展中国家的农药使用情况又如何呢？

巴西是世界上最大的农业生产国之一，也是全球最大的农药使用国。2020 年，巴西的农药使用面积 5.259 亿公顷。2021 年由于病虫害高发，农药使用面积增长了 7%，达到 5.627 亿公顷，扩大了 0.368 亿公顷。根据巴西国家植物保护产品行业联盟的统计，2014 年巴西的农药销售额达到 122.5 亿美元，其中大豆上的农药销售额就达到了 68 亿美元，占巴西农药总销售额的 55.6%。正因为如此，巴西市场是各大农药企业的必争之地，而研发防治大豆病虫害的新农药是各农药企业科技创新的投入重点。墨西哥的可耕地面积约 3500 万公顷，是主要农产品出口国之一，农药总使用量约 5 万吨，农药市场销售额约 7 亿美元。

由此可见，任何一个国家都需要使用农药，各国的农药使用量并不是一成不变的，而是随着气候、种植结构而变化的。当气候变化、病虫害严重发生时，农药的使用量就升高。当气候良好、农业病虫害发生较轻时，农药的使用量也就相应减少。农药是农业生产中必不可少的，是提高农业生产效率和质量效益的重要手段。我们应该思考的是如何研制出更安全的农药、如何科学使用农药，使农药在保障农业生产的同时，对人类健康和生态环境的影响最小。

话说农药：
魔鬼还是天使？

50. 国外农产品真的没有农药残留吗？

很多人一谈起农药残留，就有一种"谈农药色变"的感觉，似乎农产品中有农药残留就是不安全的，而且总是喜欢把我国农产品的农药残留情况和国外进行对比，认为我国的农产品都是有农药残留的，而国外的农产品是没有农药残留的。这其实是一种误解，而且是一种非常片面的认识。事实上，为了防治病虫害，农产品在种植过程中几乎都会使用农药。只要使用了农药，就会有农药残留问题。可以说，几乎所有农产品都可能含有农药残留，中国的农产品是，国外的农产品也同样如此。

美国负责食品中农药残留量监测的政府机构是美国农业部（USDA）和食品药品监督管理局（FDA）。USDA 设有一个专门的农药数据委员会（Pesticide Data Program，PDP），负责监测全国食品中的农药残留量，以保证食品安全。美国农业部自 1991 年起，便开始实施"年度农药数据总结项目"，并每年公布食品中农药残留情况的检测结果。但即便如此，美国依然存在农产品农药残留问题。根据美国环境行动组织（EWG）对美国农业部 2019 年《农产品中农药指南》测试数据的分析，美国近 70% 的农产品都含有农药残留，农药残留量最多的果蔬前 12 名是：草莓、菠菜、羽衣甘蓝、油桃、苹果、葡萄、桃子、樱桃、梨、番茄、芹菜、马铃薯。当然，有农药残留并不意味着不安全。事实上，美国的农产品是非常安全的，98.5%的美国食品中的农药残留量低于最大限量标准，农产品中的农药残留超标率不足 1.5%。但令人不解的是，尽管草甘膦在美国使用量非常大，但美国农业部的食品中农药残留量监测项目却不检测草甘膦，美国 FDA 的食品农药残留监测项目中也不检测草甘膦。

欧盟国家对农药残留的监管也是十分严格的，也是全球禁止或限制农药使用最严格的地区，其禁止或限制使用的农药有效成分达 470 多种。此外，欧洲食品安全局（EFSA）有一个"欧盟协调项目"（EU-coordinated programme），专门负责监测欧盟 27 个国家的农产品中的农药残留情况，并每年发布检测报告。2016 年 10 月，EFSA 公布的欧盟和冰岛、挪威 2014 年农药残留量食品安全调查报告表明，欧盟的常规食品有 3.0% 的农药残留量超标，而有机食品中有 1.2% 的农药残留量超标，高达 4.2% 的婴儿食品农药残留量超标。也就是说，有机食品农药超标的情况比常规食品好不到哪里去，而婴儿食品中农药超标的情况如此严重，颇让人意外。这说明，欧盟的农药残留监管工作同样任重道远。与美国不同的是，欧盟的农药残留检测项目是包括草甘膦的，但检测结果显示只有 2.6% 的食品中检测出有草甘膦残留，均在残留限量标准以内。美国食品中农药残留量限量标准由美国环保署（EPA）制定，虽然 EPA 的农药残留量标准与欧盟的 MRL 不同，但彼此之间是互相承认的。

近年来，我国不断加强农产品中的农药残留监管，《食品安全国家标准　食品中农药最大残留限量》（GB 2763—2021）覆盖了我国批准使用的全部农药品种，解决了"有农药登记、无限量标准"的历史遗留问题。随着国家各项监管制度的不断完善，农业生产中使用农药也越来越科学规范，因农药残留超标导致的食品安全问题也在逐渐减少和降低。事实上，从毒理学的角度上来说，"离开剂量谈毒性，都是耍流氓"，有农药残留和残留超标是两回事。现代农业生产出来的农产品几乎都有农药残留，但是在严格监管制度下，农产品中的农药残留总体是安全的，其危害远小于一些环境和空气中的污染物和病原微生物。因此，我们对农产品中的农药残留和食品安全应当有正确认识，完全没有必要谈"农药"色变。

51. 如何快速检测农药残留？

如果对买回来的蔬菜上的农药残留不放心，有没有办法在家里快速检测一下农药残留是否超标呢？当然，办法是有的，而且操作起来也不复杂。

目前，农药残留的快速检测方法有很多，检测对象主要是有机磷和氨基甲酸酯类农药。按照检测原理大致可以分为两大类：色谱检测法和生化测定法。其中，生化测定法中的酶抑制率法由于具有快速、灵敏、操作简便、成本低廉等特点，被推荐为国家标准方法（GB/T 5009.199—2003），已成为对果蔬中有机磷和氨基甲酸酯类农药残留进行现场快速定性检测的主要手段，被市场监管部门广泛应用。酶抑制率法的基本原理是，有机磷和氨基甲酸酯类农药可以与乙酰胆碱酯酶发生反应，如果样品中没有有机磷和氨基甲酸酯类农药残留或者残留量极少，检测试剂中的乙酰胆碱酯酶的活性就不被抑制或抑制很少。反之，如果农药残留量较高，乙酰胆碱酯酶的活性就会被明显抑制。通过酶活性的抑制情况来判断果蔬样品中的有机磷或氨基甲酸酯类农药残留是否超标。

依据酶抑制法原理设计的农药残留检测方法主要有速测卡法和比色法。由于速测卡法的检出限为 0.3 ~ 3.5mg/kg，均高出国家规定的农药残留限量标准，因此在使用速测卡检验蔬菜样品为阳性时，即可视为有机磷或氨基甲酸酯类农药残留量已超标。比色法的检出限一般在 0.05 ~ 5.00mg/kg，检出时间为 30min，对有机磷和氨基甲酸酯类农药残留超过国家限量标准的有效检出率可达 80% 以上，是目前各省市和县区质检监督部门日常检测的主要速测仪器。淘宝等网络销售平台上有很多农药残留检测仪、农药残留检测试纸、农药残留检测卡、农药残留检测试剂出售，价格从十几元到数千元不等。这些产品可以检测的农药种类、检测精度等都不一样，但使用起来非常简单，按照产品说明进行操作，就可以在家实现农药残留的快速检测了。

我国早些年发生的"毒韭菜""毒豇豆""神农丹"等食品安全事件，涉及的农药几乎全部是高毒有机磷和氨基甲酸酯类农药。我国《食品安全法》（2021 年修正版）已经明确，禁止将剧毒、高毒农药用于蔬菜、瓜果、茶叶和中草药材等农作物。因此，随着市场监管的不断严格，近年来已很少发生果蔬农药残留超标事件了。

52. 果蔬中的农药残留真的可以清洗掉吗?

　　一些媒体过度炒作农药残留,使一些商家很敏锐地捕捉到了商机,纷纷推出了各种各样的果蔬清洗剂以及价格不菲的果蔬清洗机,都宣称自己有很强的去农药残留效果。真的有这么神奇吗? 农产品中的农药残留真的可以被清洗掉吗?

　　某省消费者协会在 2020 年的"3·15"期间专门做过一个实验,测试了宣称可清洗农药残留的 26 款果蔬清洗剂。首先,挑选去除农药残留的荷兰豆和圣女果两种水果作为样本,把它们在事先配制好的农药溶液浸泡 3 小时后取出自然晾干。将一组果蔬放入 1% 的果蔬清洗剂溶液中浸泡 1 分钟,另一组用清水浸泡 1 分钟。然后,分别用果蔬清洗机清洗 15 分钟,再检测每组果蔬中的农药残留情况。结果发现,清水浸泡组的农残去除率达到 72%,而果蔬清洗剂浸泡组的农残去除率在 76% ~ 85% 之间。看来,果蔬清洗剂的清洁效果并没有广告中宣传得那么厉害,比单独用水清洗的效果好不了多少。既然这样,还不如直接用水多清洗几次,还可以避免果蔬清洗剂的二次污染。

　　这里面要特别说明的是,这个实验是为了检验果蔬清洗剂去除农药残留的效果而设计的,与农业生产中的实际情况是完全不一样的。农业生产中使用农药都是采用喷雾的方式进行施药的,都是快速经过作物表面。而这个实验中,却是将果蔬在农药溶液中浸泡 3 小时。此外,农业生产中施用农药后,必须经过安全间隔期之后才能采摘,在安全间隔期内农药已经基本上被农作物代谢掉了。这个实验是将果蔬在农药溶液中浸泡 3 小时后取出,待自然晾干后,将果蔬直接进行清洗。这种情况下,绝大多数农药还是停留在果蔬表面,还来不及被代谢。所以说,这个实验的设计不符合生产实际情况。当然,这个实验也说明了,直接使用清水冲洗比使用果蔬清洗剂更靠谱。

农药喷洒到植物叶片上之后，会被植物吸收，进而渗透到农作物的内部组织，进一步被农作物代谢、降解。换句话说，残留的农药已经进入农产品的深层组织了，用清洗剂或清洗机是无法洗掉的。果蔬清洗剂主要由表面活性剂、乳化剂、香精和色素等成分组成，使用清洗剂实质上还是起到清洁的作用。但如果使用过量的清洗剂，反而会引起二次污染，给我们的健康带来危害。

53. 喝茶等于喝农药？

柴米油盐酱醋茶，茶是一种重要的生活必需品。随着时代的不断发展和生活水平的不断提高，品茶更是人们享受生活的重要方式。在繁忙的工作之余，在喧嚣的尘世中，沏一壶清茶，约上三五位好友，谈古论今，好不惬意。

2018年，一篇名为《央视曝光：你喝的不是茶，而是毒药！》的文章在网络上传开，引起社会的广泛关注，文中宣称"我国98%茶树都喷农药，茶农都不敢喝自己种的茶"。该文章采取"移花接木"以及拼凑的手段，将中央电视台财经频道在2013年制作的关于"茶叶农药残留调查"新闻报道的一段视频嫁接到当下的茶业现状，用脱离实际的描述夸大农药残留的危害，是彻头彻尾的谣言。

但是，该文发表后对我国的茶叶产业造成严重影响。为此，85岁高龄的中国农业科学院茶叶研究所研究员、中国工程院院士陈宗懋先生不得不出来辟谣。陈先生说，自己搞了一辈子茶叶研究，也喝了一辈子的茶，如果喝茶等于喝"农药"，到了这个年龄身体还能如此康健？由此可见，喝茶等于喝"农药"的说法是何等荒谬。

茶树往往在温暖、潮湿的环境中生长，容易受到病虫害的侵扰。在茶园中使用农药是正常的农业措施，问题是农药的品种、农药使用剂量和安全间隔期，只要按照规定操作，就不会造成残留超标。我国茶叶生产中普遍采用的是综合防治，除了使用化学农药外，还普遍采用黄板、蓝板、诱虫灯等物理防治手段，以及释放害虫天敌等进行生物防治。化学防治所使用的农药，主要是微生物源农药、植物源农药、天然产物仿生农药等生物化学农药。此外，我国《食品安全国家标准 食品中农药最大残留限量》（GB 2763—2021）对茶叶中的农药最大残留限量比西方国家还要严格，这为保障我国茶叶的安全提供了法律依据。

我国的饮茶方式是泡饮。由于绝大多数农药都属于脂溶性物质，不溶于水，残留在茶叶中的农药在泡茶时溶出的量最多是茶叶农残检出量的 10% ~ 20%。我国老百姓平均每天的喝茶量为 4~5g，只要是农药残留符合国家标准的茶叶，茶汤中的农药含量是极低的，不会对健康造成危害，可以放心饮用。以常用的杀菌剂苯醚甲环唑为例，其 ADI 值为 0.01mg/kg 体重，对于一个 50kg 体重的成年人来说，每日允许摄入量为 0.5mg。茶叶上的苯醚甲环唑最大残留限量标准为 10mg/kg，每天喝茶量为 5g，只要茶叶中的农药残留量是达标的，那么摄入的苯醚甲环唑最多为 0.05mg，远低于每日允许摄入量。

54. 草甘膦是一种什么样的农药?

草甘膦是美国孟山都公司于 1974 年实现商业化的一种除草剂，商品名"农达"，其杀草谱极广，可控制世界上危害最大的 78 种杂草中的 76 种。得益于"抗草甘膦"转基因作物的大面积推广，草甘膦成为世界上应用最广、使用量最大、商业化最成功的农药品种，其销售额一直稳居首位。

1974 年，国家给农业部生物研究所（715 所）下达了"边境和林区防火道灭生性化学除草技术研究"的科技攻关课题。715 所通过大量的试验，最终筛选出以草甘膦为主的除草配方。此后，我国便开始了草甘膦的仿制，并于 1980 年首仿成功。经过几代人的不懈努力，我国成为草甘膦原药生产能力最大的国家，草甘膦也是我国最具代表性的农药品种之一和出口量最大的品种。目前，全球草甘膦产能约 110 万吨，中国企业产能占全球产能 60% 以上。湖北兴发集团拥有 18 万吨 / 年的草甘膦产能，居国内第一。

2015 年 3 月 20 日，世界卫生组织下属的国际癌症研究机构（International Agency for Research on Cancer，IARC）发布报告，将草甘膦划分为 2A 类致癌物，即很可能致癌，也就是存在证据表明可以致癌，但致癌性目前无法确定。该报告引起了世界各国的强烈关注，也引发了社会公众对"草甘膦致癌"的担忧。但是，美国环保署、欧洲食品安全局、欧洲化学品管理局、加拿大卫生部有害生物管理局、澳大利亚农药和兽药管理局等多家国际权威机构在对草甘膦进行再评估后，陆续发布了与 IARC 相反的评估结果，认为草甘膦不大可能对人类有致癌风险。2017 年 11 月 9 日，美国国家癌症研究所对 44932 名接触草甘膦的农民、打药工人和他们的家属做了长达 4 年的观察、检测和监视，得出结论，在《美国国家癌症研究所杂志》上发布题为《草甘膦的使用与农业健康研究中的癌症发病率》的研究论文，该论文宣告草甘膦与任何癌症都没关联。2017 年 10 月 23 日，福布斯科技频道公共健康专栏发布一篇题为《草甘膦评估引争议——国际癌症研究机构（IARC）是如何让自己深陷丑闻旋涡的》的文章，揭露了 IARC 通过删除或修改证据等手段，对草甘膦的评估报告进行了篡改，以支持其预设的、具有偏见的评估结论。

看来，草甘膦致癌风波是一场虚惊。但是，作为一种在全球广泛使用达数十年而且是使用量最大的农药品种，关于其安全性的争议必然将继续下去。

俺是农药大家庭的世界老大，可以杀死世界上危害最大的78种杂草中的76种，很牛吧！

55. 百草枯是一种什么样的农药？

虽然我国早在 2016 年就禁止使用百草枯，但很多人一提起百草枯，还是有一种莫名的恐惧，一旦误服，几乎就意味着生命的终结，而且中毒后的死亡过程极其痛苦。百草枯对人畜毒性强、无特效解毒剂，"给你后悔的时间，却不给你后悔的机会"，被称为"死亡之水"。

百草枯最早是一种化学指示剂。1955 年捷利康公司（先正达公司的前身）发现百草枯具有很好的除草活性，于 1962 年将其商品化，并在 130 多个国家和地区获准登记使用，被广泛应用于果园、茶园、橡胶园、非耕地及免耕田除草，也可以用于玉米、甘蔗、棉花、蔬菜的行间除草及草原更新，还可以用于棉花、大豆、向日葵等作物的催枯等。

百草枯是一种快速灭生性除草剂，具有触杀作用和一定内吸作用，能迅速被植物绿色组织吸收，使其枯死，但对非绿色组织没有作用。此外，光照有利于百草枯药效的发挥，只要有阳光、氧气和叶绿素，百草枯就能以特有的方式快速起效，只需几小时便可看到施药植物明显枯萎，但在阴暗寒冷的环境下，药效发挥比较缓慢。百草枯的另一个特点是在土壤中迅速与土壤结合而钝化，打到草上的时候，它会有效果，但接触土壤后很快就失去杀草活性，所以不会损害植物根部，也不会在土壤里面造成残留，不污染环境。另外，它耐雨水冲刷，顶着雨水打药也不影响其药效。

1978 年，黑龙江省农垦系统首次从英国批量进口百草枯。1996 年山东省农药研究所成功攻克百草枯生产技术，使中国成为世界上第二个拥有百草枯生产技术的国家。我国百草枯的年产量最高峰曾占全世界年产量的 70% 以上。百草枯需求量快速上升的真正动力，不仅在于它自身固有的、独特的生物学特性，还体现在百草枯具有很高的应用价值，使其成为全球用量仅次于草甘膦的第二大除草剂，目前尚无替代品。

尽管百草枯在农业生产中是一个非常受欢迎的除草剂品种，但由于它对人剧毒，而且缺乏特效解毒药剂，因误服或自杀服用百草枯死亡的案例也越来越多，成为继有机磷农药中毒之后发病率第二位的农药品种，口服中毒死亡率可达90%以上，引起了社会各界和政府的高度重视。为此，先后有20多个国家陆续禁止生产和使用百草枯。我国自2014年7月1日起，撤销百草枯水剂登记和生产许可、停止生产。2016年7月1日停止百草枯水剂在国内的销售和使用。

56. 水稻三大虫害指的是哪三种？

　　水稻是我国的主要粮食作物，也是世界三大粮食作物之一。我国的水稻害虫有300多种，其中最常见的有40多种，主要分为四类：一是钻蛀类，通过钻蛀水稻的茎秆造成危害，如二化螟、三化螟、台湾稻螟；二是刺吸类，主要危害水稻的叶片，如稻飞虱类、叶蝉类、蓟马类；三是食根类，主要危害水稻的根系，如稻根叶甲、稻摇蚊、稻水蝇；四是食叶类，主要危害水稻的叶片，如稻纵卷叶螟、蝗虫类、眼蝶类、象鼻虫、潜蝇。其中，稻飞虱、二化螟、稻纵卷叶螟被称为水稻三大虫害，对水稻的危害最大，是水稻种植过程中需要重点防控的对象。

　　稻飞虱分为褐飞虱、白背飞虱和灰飞虱，其中褐飞虱是迁飞性害虫，所以最难控制。灰飞虱和白背飞虱一般发生在水稻生长前期，褐飞虱一般发生在生长后期，盛夏不热，晚秋不凉的时候，褐飞虱最容易发生，但一旦降温，褐飞虱又会迅速偃旗息鼓，特别是"寒露风"到来，褐飞虱的繁殖基本会终结。此外，稻飞虱也是水稻病毒的媒介昆虫，如白背飞虱传播南方水稻黑条矮缩病毒，灰飞虱传播水稻黑条矮缩病毒。防治稻飞虱重在预防，一旦发生，很难控制。采用噻虫嗪、吡虫啉种衣剂进行拌种，对灰飞虱等有一定预防效果。防治稻飞虱较好的化学药剂主要有呋虫胺、烯啶·吡蚜酮、三氟苯嘧啶等。

　　二化螟又叫水稻钻心虫，对产量影响很大，严重时甚至绝收。生产中往往采取"严控一代、决战二代"的策略进行防治，做好虫情测报，严格掌握好施药时机。一旦发现田间枯鞘开始增多，说明一代二化螟开始危害了，这时立即用药，效果十分明显。如果二化螟一旦进入叶鞘，就很难防治了。常用化学药剂有氯虫苯甲酰胺、高剂量阿维菌素、高剂量氟铃脲、阿维·甲氧虫酰肼等，但这些药剂对抗性二化螟的效果很差。近年我国湖南、江西等地水稻二化螟抗性严重，成为当地水稻种植中的一大难题。由于二化螟越冬虫源主要来自稻田杂草，所以防除稻田杂草可以消灭大部分越冬虫源，减轻来年的虫害。

稻纵卷叶螟也是一种迁飞性害虫，发生危害的程度与迁入虫量有关，虫害严重时"虫苞累累、白叶满田"，造成水稻减产10% ~ 50%。农民当中有一个广为流传的稻纵卷叶螟危害口诀：一龄心叶现白点，二龄嫩叶会束尖，三龄苞长叶纵卷，四龄绿叶白条现，五龄白叶虫逃潜。从这个危害口诀可以看出，最好的防治时期是在幼虫3龄前，也就是卵孵高峰后7天左右，这时害虫正要卷叶但还没有完全卷叶，药液更容易接触到害虫，使害虫触杀死亡。常用的化学药剂有氯虫苯甲酰胺、四氯虫酰胺、阿维菌素、甲氨基阿维菌素苯甲酸盐（甲维盐）以及一些混配制剂，如甲维盐和茚虫威混配。

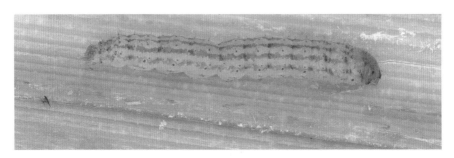

二化螟

稻飞虱

稻纵卷叶螟

57. 水稻三大病害指的是哪三种?

水稻上常见的病害有三类: 一是真菌病害, 主要有稻瘟病、纹枯病、稻曲病、立枯病、恶苗病等; 二是细菌病害, 主要有白叶枯病、细菌性条斑病; 三是病毒病, 主要有黑条矮缩病、南方黑条矮缩病等。其中稻瘟病、纹枯病、白叶枯病发生广泛, 危害严重, 被称为水稻三大病害。

水稻稻瘟病又名稻热病, 按其危害时期和部位不同, 可分为苗瘟、叶瘟、穗颈瘟、枝梗瘟、粒瘟等。据统计, 我国水稻稻瘟病的发生面积约 7000 万 ~ 8000 万亩次。稻瘟病重在预防, 要选用抗病性强的品种; 做好种植管理, 合理增施有机肥、磷钾肥等。化学防治一般在水稻孕穗末期、破口初期和齐穗期进行, 常用的药剂有低聚糖素、枯草芽孢杆菌、咪锰·嘧甘素、稻瘟酰胺、噻霉酮、井冈霉素、嘧菌酯、春雷霉素、三环唑、戊唑醇、丙环唑、氟唑醇等。对于水稻稻瘟病发生严重的地块, 要集中处理带病稻草, 消灭菌源, 并使用土壤消毒剂处理土壤, 可以有效降低来年的发病程度。

水稻纹枯病又称云纹病, 俗名花足秆、烂脚瘟, 是当前水稻生产上的第一大病害。该病属高温高湿型病害, 适宜范围内, 湿度越大, 发病越重, 一般减产 10% ~ 30%, 严重时达 50% 以上。据统计, 我国水稻纹枯病的发生面积约 2.5 亿亩次。水稻纹枯病从苗期至穗期均可发生, 一般在分蘖盛期开始发生, 拔节期病情发展加快, 孕穗期前后是发病高峰, 乳熟期病情下降。田间种植管理对于水稻纹枯病的防治至关重要, 首先要合理栽培, 选用良种; 要浅水勤灌, 适度晒田, 降低田间湿度; 同时打捞田间菌核, 带出田外深埋处理; 在封行至成熟前喷施菌核净, 发病期可选用井冈霉素、噻呋酰胺、苯醚甲环唑、戊唑醇、氟环唑、吡唑醚菌酯、申嗪霉素等均匀喷施。另外, 要及时防治稻飞虱, 防止其携带病菌。

水稻白叶枯病又称地火烧、茅草瘟、白叶瘟，为细菌性病害。水稻整个生育期均可受白叶枯病侵害，苗期、分蘖期受害最重；各个器官均可感染，叶片最易染病。防治水稻白叶枯病，首先要选择抗病品种，有效控制菌源；其次加强肥水管理，梅雨季节湿灌，底肥要足、追肥要早，施充分腐熟的农家肥、增施磷钾肥，增强植株抗病能力；化学药剂可用三氯异氰尿酸、噻菌铜、噻唑锌、叶枯唑（叶青双）、噻森铜等进行茎叶喷雾。由于稻草传播病菌，因此需要对携带该病的还田稻草进行消毒灭菌处理。

水稻纹枯病

58. 危害水稻的常见杂草有哪些?

据统计,我国稻田杂草有 200 余种,其中发生普遍、危害严重的常见杂草约有 40 种,在全国各稻区均有分布的约 10 ~ 20 种。特别是,随着农村劳动力转移,水稻少耕、直播等轻简栽培技术的大面积推广,以及杂草抗药性水平的不断上升,草害成为威胁水稻安全生产的关键因素。

稻田杂草大致可以分为三大类:一是禾本科杂草,主要有稗草、千金子、杂草稻、李氏禾、双穗雀稗等;二是莎草科杂草,主要有水莎草、异型莎草、碎米莎草、水虱草、牛毛毡、萤蔺等;三是阔叶杂草,主要有鸭舌草、眼子菜、矮慈姑、野慈姑、水竹叶、水苋菜、丁香蓼、鳢肠、空心莲子草等。稻田杂草防控的重点是稗属、千金子等禾本科杂草以及水苋菜属、鸭舌草、野慈姑、雨久花等阔叶杂草。其中,以稗草和千金子为代表的禾本科杂草,由于近年来的抗药性水平呈现爆发性增长态势,成为稻田杂草防控的难点和关键。

稻田杂草的发生规律一般是,播种(移栽)后 7 ~ 10 天出现第一波杂草萌发高峰,主要是稗草、千金子等禾本科杂草和异型莎草等一年生莎草科杂草;播种(移栽)后 20 天左右出现第二次萌发高峰,

稗草

这批杂草以莎草科杂草和阔叶杂草为主。由于第一波高峰的杂草数量大、发生早、危害重，是杂草防治的首要目标。

稻田杂草化学防除的原则是"一封二杀三补"，其主要目的是防止杂草萌发和生长。"一封"是指播种后杂草出苗前的土壤封闭处理，通常选择封闭效果好、杀草谱较广的除草剂，全面防除稻田杂草。常用的封闭除草剂有丙草胺、丁草胺、禾草丹、噁草酮、丙炔噁草酮、仲丁灵、莎稗磷、苯噻酰草胺、苄嘧磺隆、吡嘧磺隆、扑草净、西草净、双唑草腈、嗪吡嘧磺隆、丙嗪嘧磺隆等单剂或混剂。"二杀"主要是针对第一次封闭化防除后，残存的杂草并兼顾第2个出草高峰的杂草，应根据草相选择苗后茎叶除草剂。常用除草剂有氯氟吡啶酯、噁唑酰草胺、氰氟草酯、五氟磺草胺、嘧啶肟草醚、氯氟吡氧乙酸、双草醚、灭草松、2甲4氯钠、氯吡嘧磺隆、乙氧磺隆、噁嗪草酮等单剂或混剂。"三补"主要针对经前两次处理后还残留的恶性杂草及抗性杂草，应采取针对性方法除草。

氰氟草酯和五氟磺草胺是两种最重要的稻田除草剂。氰氟草酯为对千金子特效的茎叶处理除草剂，而五氟磺草胺是对各类稗草具有高效除草活性的茎叶处理除草剂，同时两者对水稻具有很高的安全性。过去的二十多年来，使用氰氟草酯和五氟磺草胺基本解决了千金子和稗草这两种最难对付的稻田杂草，成为最受农民欢迎的稻田除草剂。但由于长期使用，杂草对这两种除草剂产生了严重的抗药性，很多地区已经基本无效，导致稗草和千金子失防而绝收，农民不得不弃种。针对这种现实情况，华中师范大学和山东先达农化股份有限公司联合创制出一种名为吡唑喹草酯的新型稻田除草剂，该除草剂对各类水稻十分安全，对各种抗性千金子和稗草具有非常好的除草活性，包括对氰氟草酯和五氟磺草胺产生抗药性的杂草，为稻田杂草防控提供了新的解决方案。

千金子

铁苋菜

59. 为什么说锈病和赤霉病是 小麦病害防控的重中之重?

　　小麦是世界各地广泛种植的三大谷物之一。由于小麦为冬春作物，种植时期气温低，虫害对其危害较轻，主要为病害和杂草危害。我国麦类作物的常见病害有 20 余种，大致可以分为四类：一是真菌病害，主要有锈病、白粉病、赤霉病、炭疽病、纹枯病、全蚀病、腥黑穗病、根腐病等；二是细菌病害，主要有细菌性条斑病等；三是病毒病，主要有黄矮病、梭条斑花叶病毒病、丛矮病等；四是线虫病，主要有胞囊线虫病等。据全国农业技术推广服务中心统计，我国小麦主要病害的年发生面积约 4.8 亿亩次。其中，小麦锈病、小麦赤霉病是小麦上危害最严重的两种病害，被农业农村部列入《一类农作物病虫害名录》，是小麦病害防控的重中之重。

　　小麦锈病又叫黄疸，主要有秆锈病、叶锈病和条锈病三种，这三种病害均会导致小麦的叶秆、叶鞘、叶片等在早期出现大片黄斑，随后黄斑会随着生长而连接成片，形成铁锈色的粉疱，后期变成黑色的斑疱。三种锈病的危害症状可归纳为 "条锈成行，叶锈乱，秆锈是个大红斑"。条锈病的侵染危害可使小麦生长发育受到多方面的影响，最终导致小麦产量的损失。中度流行可减产 10% ～ 20%、大流行年份可减产 50% ～ 60%、重病田块甚至颗粒无收。西北农林科技大学的康振生院士通过长期研究，揭示了我国条锈病大区传播路径与规律，明确划分出越夏易变区、冬繁区和春季流行区三个区域，提出了 "重点治理越夏区、持续控制冬季繁殖区、全面预防春季流行区" 的全国条锈病区域治理策略与防控技术体系。小麦锈病的防治药剂可选用三唑酮、烯唑醇、戊唑醇、氟环唑、己唑醇、丙环唑、醚菌酯、吡唑醚菌酯、烯肟·戊唑醇等。

　　小麦赤霉病是长江中下游、江淮和黄淮麦区常年发生的一大病害，由多种镰刀菌侵染所引起，从苗期到穗期均可发生，引起苗腐、茎基腐、秆腐和穗腐，以穗腐危害最大。此外，小麦赤霉菌还会分泌呕吐毒素和玉米赤霉烯酮毒素等，人畜食后可引起急性中毒。小麦赤霉病的防治方法主要是以选用抗菌品种为基础，以药剂拌种作为重要措施，以农业防治紧抓不放，以化学防治为重点。化学防治上，要坚持"主动出击、见花打药"的原则，抓住小麦抽穗扬花这一关键时期，及时喷施药剂，减轻病害发生程度，降低毒素污染风险。常见的药剂有多菌灵、三唑酮、戊唑醇、氰烯菌酯、丙硫菌唑等单剂及其复配制剂。

小麦条锈病

小麦赤霉病

60. 危害小麦的常见杂草有哪些?

我国有 4 个小麦主产区: 春麦区、冬春兼播麦区、北方冬麦区、南方冬麦区。我国麦田杂草有 40 余科, 200 多种, 常见有 30 多种, 分为禾本科杂草和阔叶杂草两大类, 不同区域的杂草均有所不同。

小麦田杂草防控的重点是看麦娘、日本看麦娘、节节麦、雀麦、菵草、播娘蒿、猪殃殃等恶性杂草。

看麦娘与日本看麦娘都是禾本科看麦娘属一年生草本, 但二者在株高、花序和小穗长度方面存在明显差异。看麦娘繁殖力强, 对小麦易造成较重的危害, 而且是黑尾叶蝉、白翅叶蝉、灰飞虱、稻蓟马、稻小潜叶蝇、麦田蜘蛛的寄主。防治看麦娘与日本看麦娘的常用化学药剂有精噁唑禾草灵、唑啉草酯等, 但由于杂草对一些常用药剂产生了抗药性, 导致药剂防除效果差。我国近年来自主创制的除草剂环吡氟草酮对看麦娘与日本看麦娘具有很好的防治效果, 可以作为传统药剂的替代品。

菵草又称水稗子, 为淮河以南及西南地区稻茬麦田主要杂草, 尤其是中性至微酸性黏土、黏壤土地区的稻茬麦田较多, 部分地区已逐步取代看麦娘成为麦田的恶性杂草。菵草草龄越小, 越好防治。防治菵草的除草剂常见的有异丙隆、唑啉草酯、精噁唑禾草灵、甲基二磺隆、炔草酯、氟唑磺隆等, 菵草 3 叶以前可以用异丙隆防治, 3 ~ 4 叶可以用精噁唑禾草灵防除, 4 叶以上可以用炔草酯或唑啉草酯加大剂量防除。

硬草属于一种宿根草, 草根在土壤里生长特别旺盛, 在苗期与小麦非常相似, 很难辨别, 而且耐药性强, 在很多区域成为麦田的恶性杂草。硬草要采用农艺措施和化学除草相结合的方法对其进行控制。在小麦种植过程中实施水旱轮作能够很好地控制硬草, 化学防治方面可选用炔草酯、精噁唑禾草灵以及它们的混配制剂, 在小麦越冬前或初春草龄较小时, 进行茎叶喷雾处理。

节节麦和雀麦是两种与小麦近亲的杂草，在小麦苗期与小麦非常相似，很难被辨认。它们的生育期和小麦差不多，但比小麦成熟早，麦收之前它们的种子已经落到了麦田里。节节麦的繁殖能力非常强，一粒节节麦的种子在第二年最少产出 60 粒，第三年就可达到 3600 粒以上。由于一般除草剂极难防治，故节节麦被称为小麦田的第一大恶性杂草。甲基二磺隆是一种对节节麦特效的除草剂，但常对小麦造成药害，所以常常作为失防后的补救措施。

节节麦

总之，麦田杂草防控要坚持"综合防控、治早治小、减量增效"的原则，做好麦田杂草监测和抗药性监测，掌握精准防治时间，选择精准防治药剂，按照分类指导、分区施策，突出恶性杂草，重点抓住冬前杂草敏感期，综合农业措施、化学措施和物理、生态等防治措施，构建适合不同地域的"一减两控"（减少除草剂用量、控制草害和药害）综合防治体系。其中，化学防控采取"一封二杀三补"的策略。"一封"是指在小麦播种后杂草出苗前进行土壤封闭处理，通常选用除草剂氟噻草胺、异丙隆、绿麦隆、吡氟酰草胺、苄嘧磺隆、氯吡嘧磺隆等及其复配制剂；"二杀"是指开春后进行茎叶喷雾处理，可选用的除草剂有精噁唑禾草灵、甲基二磺隆、啶磺草胺、唑啉草酯、炔草酯、异丙隆、绿麦隆、氟唑磺隆、环吡氟草酮、苯磺隆、噻吩磺隆、双氟磺草胺、灭草松、氯氟吡氧乙酸、氟氯吡啶酯、唑草酮、溴苯腈等及其复配剂；"三补"是指在小麦拔节后、抽穗前的经过"一封二杀"失防后的补治，可选用的除草剂与"二杀"时的除草剂相同。

长势旺盛的小麦

雀麦

61. 蔬菜上的常见害虫有哪些?

蔬菜种类繁多,栽培方式多种多样,而且间作、套作、混作频繁,是一类病虫害高发频发的农作物。除了危害蔬菜生长之外,一些害虫的分泌物和排泄物还可以对蔬菜造成二次伤害。例如,刺吸式口器害虫(如菜蚜)往往携带病毒,在对蔬菜的叶片和根茎造成直接危害的同时,还会造成蔬菜感染病毒病。

根据《中国农作物病虫害》(第三版)中有关"蔬菜虫害部分"的介绍,我国蔬菜常见害虫有52种,可分为地下害虫和地上害虫,咀嚼类口器害虫和刺吸类口器害虫,或者害虫、螨类和软体动物、食叶害虫、刺吸害虫及蛀食害虫等。危害蔬菜的常见害虫主要包括鳞翅目害虫、鞘翅目害虫、双翅目害虫、同翅目害虫、缨翅目害虫等。

蔬菜上常见害虫

A－蓟马; B－瓜实蝇; C－蚜虫; D－斑潜蝇; E－黄曲跳甲; F－小菜蛾幼虫;
G－甜菜夜蛾幼虫; H－斜纹夜蛾幼虫

十字花科蔬菜是我们日常生活中最常见的一类蔬菜,种类繁多、类型丰富,常见的有甘蓝、大白菜、花椰菜、青花菜、白萝卜、油菜等,这类蔬菜的主要害虫就是鳞翅目害虫,有小菜蛾、菜青虫、甜菜夜蛾、斜纹夜蛾、棉铃虫、烟青虫、黏虫、小地老虎等。

一些鞘翅目害虫，如金龟子、黄曲条跳甲等，其成虫主要取食蔬菜的叶片，而幼虫主要在地下取食蔬菜的根或者块茎。因此，防治这类害虫的时候，不仅蔬菜叶片要喷施农药，而且蔬菜的根部及土壤也要喷施农药，才能达到理想的防治效果。危害蔬菜的双翅目害虫主要是蝇，如瓜实蝇、豌豆潜叶蝇、美洲斑潜蝇等。同翅目害虫主要包括蚜虫和粉虱，如桃蚜、萝卜蚜、烟粉虱、白粉虱等，是危害蔬菜的主要害虫种群，常常在植物叶片或嫩茎上刺吸蔬菜汁液，多半躲在叶片背面，因此喷施农药的时候重点是喷洒叶背面。缨翅目害虫，俗称为蓟马，如瓜蓟马、葱蓟马等，也是危害瓜果和蔬菜的主要害虫。

瓢虫

在茄科和葫芦科蔬菜的螨类害虫中，危害最重的是叶螨，通常以幼螨、若螨、成螨群集在蔬菜叶片上，刺吸蔬菜汁液，造成蔬菜枯萎死亡。软体动物主要有蜗牛、野蛞蝓和蛞蝓（俗名"鼻涕虫"）三种，可为害十字花科、豆科、茄科蔬菜以及棉、麻、甘薯、谷类、桑、果树等多种作物，尤其是在地下水位高、潮湿的地块，或者是大雨过后，危害更严重，喜欢啃食蔬菜叶片、根茎和成熟的果实，使叶片和果实上形成大大小小的孔洞，严重危害蔬菜生产。

农业生产中用来防治蔬菜害虫的化学杀虫剂主要是低毒、可以快速代谢的低残留品种，如吡虫啉、溴氰虫酰胺、螺虫乙酯、烯啶虫胺、氟啶虫胺腈、高效氯氟氰菊酯、氯虫苯甲酰胺、乙唑螨腈、氟啶脲、虫螨腈、茚虫威等。对于小菜蛾、斜纹夜蛾、甜菜夜蛾等鳞翅目害虫，可以使用杀虫灯和性引诱剂进行诱捕，也可以释放和利用赤眼蜂等天敌进行防治，进一步与化学防治手段相结合，实现综合防控。

62. 蔬菜上的常见病害有哪些?

蔬菜的病害种类繁多,常见的有 200 多种,主要有真菌病害、细菌病害、病毒病害、病原线虫病害等,其中真菌病害是蔬菜病害中数量最多、危害最严重的一类。

蔬菜上几种常见病害

A－辣椒疫病茎部;B－豌豆白粉病;C－黄瓜病毒病;D－茄子褐纹病;E－黄瓜细菌性角斑病;F－豇豆锈病;G－豇豆根结线虫病;H－芹菜斑枯病

常见的真菌性病害有霜霉病、晚疫病、早疫病、白粉病、灰霉病、叶斑病、菌核病、炭疽病、白绢病、根肿病、锈病等。例如,霜霉病是瓜类和十字花科蔬菜发生最普遍、为害最严重的病害,常危害黄瓜、南瓜、冬瓜、丝瓜、苦瓜、西葫芦、大白菜、青菜、甘蓝、萝卜、芥菜等多种蔬菜,尤以黄瓜、大白菜、甘蓝受害最严重。发病后 1 ~ 2 周内叶片枯黄,一般流行年份减产 30% 左右,严重时达 60%,甚至绝收。防治霜霉病要采取综合防治,选用抗病品种,培育无病壮苗,加强栽培防病,大棚种植时注意通风排湿。化学防治药剂常见的有:百菌清、霜霉威、代森锰锌、甲霜灵、氰霜唑、吲唑磺菌胺、噁唑菌酮、氟噻唑吡乙酮、氟菌·霜霉威等。再比如,炭疽病是危害辣椒、豆类、瓜类的重要病害之一,不仅造成严重减产,而且还可以在贮运过程中继续为害，导致蔬菜品质低劣。该病也需采取综合防治措施，包括种子处理、栽培防治以及化学防治等，常见的化学药剂有百菌清、甲基硫菌灵、苯菌灵、苯醚甲环唑等。

常见的细菌性病害有软腐病、黑腐病、角斑病、茄科细菌青枯病、茄科疮痂溃疡病等。软腐病不仅危害十字花科蔬菜，还能危害番茄、马铃薯、辣椒、胡萝卜、黄瓜、莴笋、生菜等多种蔬菜，不仅在田间发生，而且在贮运过程中也可发病，为害严重时甚至造成绝收。因此，软腐病的防控除做好抗病品种选育、栽培防治措施意外，还要及时做好害虫防治。常见化学药剂有：四霉素、申嗪霉素、噻唑锌、中生菌素、乙蒜素、多抗霉素、农用链霉素、菌胺乙酸盐、氯溴异氰尿酸、春雷·王铜、噻菌铜、喹啉铜、氢氧化铜、松脂酸铜、叶枯唑、碱式硫酸铜等。除全田喷药外，还应重点将药液喷在蔬菜根基部，使药液渗入根部土壤内。

病毒病也是瓜类、豆类、茄果类和十字花科蔬菜危害最严重的病害之一。常见的有花叶、条斑、蕨叶病毒病三种，其中以花叶病毒病发生最普遍，毒源主要有芜菁花叶病毒（TuMV）、黄瓜花叶病毒（CMV）、萝卜花叶病毒（RMV）和烟草花叶病毒（TMV）四种。通常情况下，病毒在瓜类、番茄、辣椒、秋冬芹菜、菠菜、荠菜等作物上越冬，第二年通过蚜虫、白粉虱、烟粉虱等刺吸式口器害虫传播。病毒病的发生与环境条件关系密切，一般高温干旱天气有利于病害发生。病毒病的防控要以"预防为主、治虫防病"为原则做好综合防控。在栽培上，应选择抗病品种，适合晚播的地区尽量躲避开八月份的高温干旱天气。在化学防控方面，除了喷施防治病毒病的药剂，如氨基寡糖素、寡糖·链蛋白、盐酸吗啉胍、香菇多糖、宁南霉素等，还要做好蚜虫等媒介害虫的早期防治，可用药剂有啶虫脒、噻虫嗪、吡蚜酮、烯啶虫胺、氟啶虫胺腈、呋虫胺等。

63. 茶叶上的常见病虫害有哪些？

据统计，我国茶叶上的病虫害种类繁多，害虫、害螨多达 300 余种，病害 100 余种。常见的有炭疽病、轮斑病、白星病、小绿叶蝉、丽纹象甲、茶尺蠖、蓟马、黑刺粉虱、茶橙瘿螨等。这些病虫害不仅影响茶叶的品质，而且还会造成茶叶产量下降。

茶叶的病虫害防治要坚持"预防为主，综合防治"的植保方针，以农业防治为基础，降低病虫源基数，强化健身栽培，提高茶树抗逆性，大力推广生态防控、物理诱控、生物防治和科学用药等绿色防治技术，持续控制病虫害，减少农药使用，保障茶叶质量安全，保护生态环境，实现茶叶生产可持续发展。

在科学用药方面，应遵循以下原则：

（1）选择合适的农药品种。一定要选用高效、低毒、低残留的农药品种。截至目前，我们已经明令禁止六六六、甲拌磷、氰戊菊酯等 62 个有效成分用于茶叶生产。2021 年颁布的 GB/T 2763—2021 标准明确了 106 项茶叶农药残留限量标准，涉及防治对象、单位面积、每次制剂施用量、施药方法、安全间隔期等内容。生物农药包括植物源农药，如 30% 茶皂素、苦参碱、印楝素、藜芦碱、蛇床子素等；微生物农药，如苏云金杆菌、枯草芽孢杆菌、白僵菌、金龟子绿僵菌、短稳杆菌等；病毒制剂如茶尺蠖核型多角体病毒、茶毛虫核型多角体病毒、茶刺蛾核型多角体病毒等，可重点在产茶区进行推广应用。

（2）选择最佳防治时期。在茶树病虫害敏感期进行用药，可以实现最佳的防治效果。例如，假眼小绿叶蝉在若虫盛期对农药非常敏感；茶尺蠖和蛾类（毒蛾类、卷叶蛾类、刺蛾类）的敏感期是幼虫低龄（1～3 龄）期；而介壳虫、粉虱类在卵孵化盛末期对农药非常敏感；象甲类在成虫出土盛末期对农药非常敏感，抓住这个敏感期，可以实现用最少的药达到最佳防治效果。

（3）合理交替用药和混合用药。在同一茶园或同一茶区长期使用同一种或同一类农药，病虫害的抗药性会普遍增强，防治效果差。所以，在生产实际中，合理轮换用药和混合用药十分重要，每年使用同一种农药的次数不要超过三次，最好选择杀虫机理不同的 2 ~ 3 种农药，进行交替使用，效果最佳。同时，要注意适量用药，任何一种农药都有其适宜的使用浓度，不可盲目或随意加大用量，否则，既增加了投入，又易产生药害、农药残留和抗药性。

　　（4）掌握正确的施药方法。根据病虫分布规律喷药，掌握好用药部位，提高农药对病虫的中靶率。茶黑毒蛾、茶毛虫等害虫的低龄幼虫多在茶丛中部两侧叶背为害，施用农药时注意喷洒茶丛两侧；角蜡蚧重点将药喷在茶蓬的中下部；蚜虫重点在蓬面上用药。

（5）严格掌握茶园采摘安全间隔期。茶园喷洒农药后要严格按照施药后的安全间隔期采收茶叶，目前适宜于茶园使用的常用农药，其施药后的安全间隔期一般在 7 ~ 15 天，达到安全间隔期后采摘，生产出的茶才符合安全无公害标准。

除了科学用药外，还要注意采用昆虫性信息素、双色诱虫板、双波诱虫灯、植物性杀虫剂以及病毒和微生物杀虫剂等绿色技术进行综合防控。使用昆虫性信息素对灰茶尺蠖、茶尺蠖、茶毛虫、茶细蛾、茶黑毒蛾等鳞翅目害虫有很好的效果，可以大幅度降低虫源基数。

64．居家养殖花卉如何科学使用农药？

　　和规模化花卉养殖一样，居家盆栽花卉同样会遇到病虫害的侵害。一旦染上了病虫害，花卉就会出现黄叶、虫洞、根须瘦小等诸多问题，不仅严重影响生长发育，还对其观赏价值造成不可估量的损害，如果不及时防治，还有可能导致花卉死亡。所以，学习一些病虫害防治知识是十分必要的，而学习的关键在于正确识别病虫害和正确使用农药。

　　盆栽花卉的主要病害有白粉病、炭疽病、锈病、灰霉病、腐烂病、叶斑病、立枯病等。例如，白粉病常见于月季、紫薇、大叶黄杨、竹节蓼等观赏植物，主要危害花卉的叶片、叶柄、花梗、花蕾及嫩梢，受害部位通常有一层白色粉末状物覆盖，严重时叶片变黄，嫩叶卷曲、皱缩变厚，花蕾枯死，出现畸形花，嫩梢弯曲缩短。炭疽病在盆栽山茶、茶梅、君子兰、万年青、兰花、八仙花、昙花等花卉上比较常见，主要危害叶片、嫩梢、果实，病斑近圆形，呈灰褐色，后期病斑转为灰白色，有明显的同心轮纹和轮生的小黑点。采用家用电热熏蒸器，内置硫黄粉末，进行密封熏蒸，对白粉病等多种病害具有较好的防治效果。炭疽病发病初期，可以喷施多·硫悬浮剂进行防治。灰霉病也是危害室内花卉的主要病害，在天竺葵、绿萝、非洲菊、瓜叶菊、海棠、仙客来、一品红、龙船花等盆栽花卉中尤其常见，危害部位主要是叶片、花瓣。防治灰霉病一般在发病初期，喷施代森锌或多霉灵往往可以取得较好的效果。

　　介壳虫类是危害盆栽花卉的一类重要害虫，这是由于摆放在室内的盆栽观赏植物，受通风条件制约，光照不足，湿度较大，非常有利于介壳虫害的发生。当然，每种花卉上的介壳虫种类是大不相同的，如金橘上的绿绵蚧、君子兰上的糠片粉蚧、月季上的轮盾蚧、兰花上的巨瘤蛎蚧、散尾葵上的椰圆盾蚧等。如果发现花卉上出现少量的介壳虫，可以用棉球蘸取食醋、酒精或者洗衣粉液，在受害的花木茎叶

上轻轻抹擦，可将介壳虫杀死。化学药剂可以选用噻嗪酮。当然，在花盆上放置一些粘虫板，可以有效降低虫基数。蚜虫和粉虱也是盆栽花卉中的常见害虫，特别是夏季高温时期，浇水量太大，会加重这类害虫的发生。如不注意防治的话，会对花卉造成严重危害。防治的主要手段就是使用杀虫剂，常用的有吡虫啉、噻嗪酮等。

在病虫害发生较轻的时候，也可以采用一些小配方进行病虫害防治。例如：采用蚊香进行密封熏蒸，可有效杀死蝶蛾类幼虫和成虫；将洗衣粉加尿素配制成一定浓度的溶液进行喷雾，能有效杀死黑蝇、蚜虫、红蜘蛛、介壳虫和白粉虱；用家用洗洁精配制的稀溶液，能有效防治蚜虫和白粉虱；将风油精配制成稀溶液，进行喷雾对介壳虫具有很好的防治效果，也可以有效杀死蚜虫和红蜘蛛的虫卵；将大蒜头或大葱捣成泥，加入清水浸泡后滤出渣，将滤液定期喷洒被害花木，具有很好的灭虫驱虫效果；将烟草末或烟丝在水中浸泡 24 小时后过滤，把滤液浇入花盆内，可杀死蚂蚁等土壤害虫。

农药的首要任务是保护农作物的生产安全，确保农业丰产增收。

故事篇

65. 人类开始使用农药最早是什么时候?

　　大约在一万年前,人类就开始了农业生产,中国的原始农业起源于新石器时代早期,距今7000～8000年。但原始农业时期,种植农产品只是作为采集和渔猎的补充。随着人口的增长,原始农业、采集和渔猎已无法满足人类的需求,人们开始对土地进行人力整治、改造,逐步发展出传统农业。这时候,人类开始使用肥料,并逐渐认识到危害作物生产的病虫害,开启了与病虫害作斗争的历史。《诗经》是我国最早提到大田害虫的书籍,三百篇中记载有害虫26种,其中还有一首农事诗《小雅·大田》,写道: "去其螟螣,及其蟊贼,无害我田稚。田祖有神,秉畀炎火。"

　　在长期的实践中,人类逐步了解并掌握了一些防治病虫害的方法,如药物防治、生物防治和农业防治等。大约4500年前,在美索不达米亚苏美尔喷洒元素硫可以说是最早的农药应用。公元前1000多年,古希腊《荷马史诗》就有用硫黄熏蒸杀虫防病的记载。《周礼》中记载 "以嘉草攻之" "以莽草熏之" "以蜃炭攻之,以灰洒毒之" "焚牡菊以灰洒之" 等描述,是我国古代利用药物防治害虫的最早记录。战国时《吕氏春秋·任地》记载: "五耕五耨 (锄草),必审以尽,其深殖之度,阴土 (滋润的土壤) 必得,大草不生,又无螟蜮 (害虫)。"意思是通过深耕和中耕除草来防治害虫。我国的古谚语 "冬天麦盖三层被,来年枕着馒头睡",指的就是利用冬天寒冷环境来杀死害虫。汉魏年间的《神农本草经》中有用藜芦 "杀诸虫毒" 的记载。《齐民要术》中也有用藜芦根来除羊癣、疥虫的记载。《搜神记》中首次记载了用草木灰防治麦蛾的经验方法。《齐民要术》中也总结了用灰防治 "瓜笼" 和用食盐拌种则 "瓜不笼死" 的经验方法。除了使用植物性药物和矿物性药物外,到明清时代,已经开始使用化学药剂,防治效果明显提高。《天工开物》中总结了陕西、河南、山西等地区用砒

霜拌种，以及浙江宁波和绍兴地区用砒霜蘸稻秧根防治地下害虫的经验。清代蒲松龄《农桑经》中有记载广东地区用信石制毒谷拌种防治地下害虫的方法。不仅如此，古代人们还广泛采用了混合药剂，主要有：石灰桐油混合剂、巴豆油类混合剂、百部醋碱混合剂、苦参石灰混合剂、硫酸铜石灰混合剂等。虽然人们使用这些天然物质防治病虫害的历史一直持续了数千年，但这些都只是作为一种经验方法，并未实现商品化。

农药成为商品，最早始于欧洲。约在19世纪中期，三大杀虫植物除虫菊、鱼藤和烟草作为世界性商品开始在市场销售，随后出现的砷酸铅、砷酸钙以及硫酸烟碱的工业化生产，则标志着农药已成为化学工业产品。19世纪末，从石灰硫黄合剂的广泛应用，到法国科学家发明波尔多液，再到瑞士科学家穆勒发现DDT，才真正开启了大规模使用化学合成农药的时代。

DDT的发现使农药的重要作用和经济有效性被人们广泛认可，成为防治农业有害生物的主要手段。传统农业的生产率低下，以自给自足为目的，不能提供大量的商品粮和畜产品。传统农业需要投入大量劳动力，使大量人口被牵制在耕地上，不能被解放出来，也就无法发展其他产业。随着人口的增长，耕地愈发紧张，毁林开荒和围湖造田等活动加剧，破坏了生态平衡。人们迫切需要一种能有效提供单位亩产量的技术手段，而化学农药作为最经济有效的手段迅速被农业生产者认可，从而解放了劳动力，使得大量人口进入其他产业，推动了社会进步。

66. 为什么现代农业离不开农药？

　　农业是人类赖以生存的基础。据联合国预测，到 2050 年世界人口将达 98 亿。与此同时，由于人口的不断增长，世界人均耕地面积从 1960 年开始就呈现持续下降的趋势。要在持续下降的人均耕地面积上养活更多的人口，唯一的出路就是提高粮食单产。然而，在农业生产中，各种农作物病虫害频繁发生，并且呈现出成灾重、危害大的特点，给农业生产带来了巨大的损失，给粮食安全构成严重威胁。实践证明，使用农药是提高粮食单产最经济、有效的手段。根据联合国粮农组织（FAO）评估，使用农药进行积极的防治，可挽回全世界农作物总产 30% ~ 40% 的损失；如不使用农药，全世界每年因病、虫、草害造成的平均损失约占农作物产量的 37%，年经济损失高达 1260 亿美元。根据美国农业部资料，停止使用农药将导致作物产量降低 30%，农产品价格提高 50% ~ 70%！诺贝尔奖获得者、小麦育种学家 Norman Ernest Borlaug 曾经说："没有农药，人类将面临饥饿的危险。"

农业的出现和发展经历了一万多年，大致可以分为三个阶段：原始农业、传统农业和现代农业。在原始农业阶段，农业生产效率极为低下，基本上是"靠天收"，农业只是作为采集和渔猎的补充。进入传统农业阶段以后，人类开始采用畜耕、铁制农具，注重田间种植管理，施行增加复种指数、防治病虫害等多种措施提高单位面积产量，建立了一整套的精耕细作、行之有效的农业技术体系，农业生产效率大幅提高。从工业革命之后至20世纪初，这个时期是从传统农业向严格意义上的现代农业转变的过渡阶段。严格意义上的现代农业阶段，是在20世纪初采用了动力机械和人工合成化肥、农药以后开始的。人类主要依靠农业机械、化肥、农药和水利灌溉等技术开展农业生产。现代农业的生产率显著提高，农业人口开始逐年减少，但单位面积上的投入则是逐年增加的。

无论是在"刀耕火种"的原始农业时代，还是在"精耕细作"的传统农业时期，再到今天的现代农业，人类一直都在努力寻找各种方法以有效地防治病虫草鼠等有害生物，从而保证粮食的收成。根据联合国粮农组织的统计，高达40%的粮食歉收是由植物病虫害引起的。所以，从远古时期开始，人类就采用各种办法与植物病虫害作斗争，现代农业仍然在广泛使用的波尔多液和石硫合剂是在100多年前发明的，利用除虫菊和鱼藤酮等天然物质防治病虫害，使得人们认识到天然产物是发现新农药的宝库，现代农业中所使用的很多重磅产品，如拟除虫菊酯、烟碱类杀虫剂等，基本上都是以天然产物为模板改造成功的。

1944年，德国拜耳公司生产第一个有机磷农药——对硫磷，这标志着人类文明进入以化石能源为主的有机合成农药时代。瑞士科学家穆勒博士因发现DDT的杀虫活性获得1948年诺贝尔生理学或医学奖，更是掀起了化学农药研发的热潮。经过几十年的发展，化学合成农药也在不断发展完善，从低效到高效、从高毒到低毒、从高风险到环境生态友好。研发出更高效、更环保、更安全的绿色农药是世界农药研发的未来趋势，也是农药科学家矢志不渝的追求目标。与此同时，生物农药、核酸农药以及生物技术近年来也获得了蓬勃发展，为农业生产保驾护航。

2022 年联合国粮农组织提议,将每年的 5 月 12 日设为"国际植物健康日",该提议在联大会议上获得全票通过。健康的植物是一切生命之本,是平衡生态系统、实现农业可持续发展、保障粮食安全的关键。

随着气候变化的不断加剧,农业有害生物也在不断演变,重大生物灾害频繁发生,病虫害的跨境传播风险愈演愈烈。其中,破坏力最强的跨境植物病虫害包括沙漠蝗、草地贪夜蛾、实蝇、香蕉黄叶病热带第 4 型、木薯病和小麦锈病。2019 年,草地贪夜蛾首次入侵我国,累计危害面积超过 3000 万亩,并已发展成为"北迁南回,周年循环"的重大迁飞性害虫。目前,使用农药是防控草地贪夜蛾的最有效手段。2020 年,沙漠蝗大举入侵巴基斯坦,农药在防控这场"世纪蝗灾"过程中发挥了至关重要的作用。

总之,农药已经成为现代农业必不可少的基本生产资料,是人类与有害生物作斗争的有力武器。从某种意义上讲,人类文明史也是一部抗击有害生物的斗争史。农药与医药一样,是人类社会的两大保护伞!

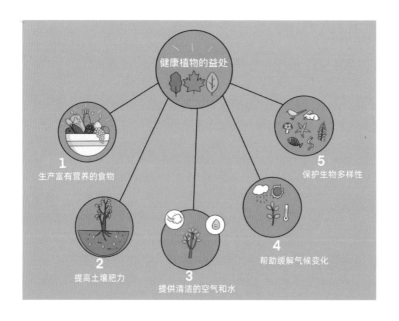

67. 农药经历了哪几个发展阶段？

作为农业生产的"保护伞"，农药自古就有应用并有确切的文字记载，同时伴随农业科技的发展而不断完善。在人类改造自然的时间长轴上，我们大致可以把农药的发展历程分为以下四个阶段：天然农药时代（约 19 世纪 70 年代以前）、无机合成农药时代（约 19 世纪 70 年代至 20 世纪 40 年代中期）、有机合成农药时代（20 世纪 40 年代中期至今）和绿色农药时代。20 世纪后期，因长期过量地、不科学地使用农药，特别是化学农药，带来了农残超标、土壤破坏、环境污染等现实问题。为了解决这些生产中遇到的问题，同时保证对病虫害起到防治效果，科学家们提出了"绿色农药"的概念，农药研发进入绿色农药的新时代。

1．天然农药时代

这一时期人们主要是利用生活经验从天然植物或矿物质中提取或经过简单加工而获得一些具有药用价值的有效成分。如我国《周礼》中记载用莽草、蜃炭灰、牡菊、嘉草等杀虫，《山海经》中记载"有白石焉，其名曰礜，可以毒鼠。有草焉，其状如槁芰，其叶如葵而赤背，名曰无条，可以毒鼠"，即这种石、草可以用来毒杀老鼠。北宋欧阳修的《洛阳牡丹江》中有用硫黄防治花虫的记载。1637 年成书的《天工开物》已提到白砒的烧制和应用砒霜拌种驱鼠和蘸秧根防治害虫。

真正意义上的农药使用是从烟草、除虫菊和鱼藤这三种具有杀虫活性的植物先后被加工成制剂使用开始的。1763 年，法国用烟草及石灰粉防治蚜虫，这是世界上首次报道的杀虫剂。1800 年美国人吉姆蒂科夫发现高加索部族用除虫菊粉消灭虱、蚤，1828 年除虫菊花被加工成防治卫生害虫的杀虫粉出售；1848 年奥克斯利开始制造鱼藤根粉。这类制剂的普遍使用也使一部分农业及卫生害虫能用药物防治。这三种农药中除虫菊素后来作为先导化合物对农药发展的影响最大，烟草和鱼藤迄今仍有少量商品出售。

2．无机合成农药时代

19 世纪 70 年代 ~ 20 世纪 40 年代中期是无机农药的发展时期，这一阶段人们开始有意识地去创造一些农药，发展了一批如含砷、硫、铜、汞、锌等元素的无机化合物，其中以石硫合剂与波尔多液为典型代表。

1851 年法国人格里森以等量石灰与硫黄加水共煮获得格里森水即是石硫合剂的雏形。1882 年法国人米亚尔代在波尔多地区发现硫酸铜与石灰水混合液能有效防治葡萄霜霉病，随后该药液作为保护性杀菌剂在波尔多地区得以大规模推广使用，波尔多液也因此得名。由于波尔多液具有原料易得、杀菌效果好的特征，至今仍在世界各地广泛使用。1865 年，人们开始广泛使用另一种无机铜盐巴黎绿（亚砷酸铜与醋酸铜形成的络盐，原作颜料使用）防治马铃薯甲虫，于 1901 年成为立法农药，这是世界上第一个立法的农药，现今巴黎绿仍少量用于杀灭孑孓（蚊子的幼虫）。此外，其他一些无机砷化合物也被相继开发出来，1890 年美国爱荷华州立大学的吉勒特发现砷酸钙有良好的杀虫效果，提出了利用砷酸钙来防治害虫的思路。1906 年砷酸钙开始大规模生产、使用，与 1894 年面世的砷酸铅一起被用于防治象甲及棉大卷叶虫。

　　总体而言，无机农药时代主要利用各种有毒物质加工成各种制剂来使用，这一时期农药的药效低、使用量大，能防治的害虫有限，防治对象也很单一，这一时期的多数农药对动物的急性口服毒性大，对禽鸟和鱼类亦有毒害。虽然无机农药时代农药存在很多问题，但是这类农药的诞生在大田作物、果树、蔬菜等病虫草害的防治方面发挥了十分重要的作用。

3. 有机合成农药时代

　　20 世纪 40 年代杀虫剂 DDT 和除草剂 2,4-D 的诞生，标志农药进入有机合成时代。这个时期，有机化学工业的发展极大地推动了有机合成农药的快速发展，并不断完善。

从 20 世纪 40 年代到 60 年代末期，可以看作有机合成农药的第一阶段，这一阶段农药的开发主要是依靠经验，大量地合成有机化合物进行随机筛选，当时的筛选几乎只关注药效，并没有考虑农药对生态及环境的影响。有机氯、有机磷和氨基甲酸酯三类神经毒剂是这一阶段杀虫剂的三大支柱。百菌清、代森锰锌、萎锈灵就是这一时期杀菌剂的代表，这一时期除草剂品种发展甚快，包括植物激素类的除草剂 2 甲 4 氯和 2,4-D、均三嗪类的西玛津和莠去津、脲类的杀草隆、酰胺类的敌稗、哒嗪酮类的杀草敏、二苯醚类的除草醚、苯并噻二嗪酮类的灭草松、尿嘧啶类的除草定等。

从 20 世纪 60 年代末期到 90 年代末期，是有机农药发展的第二个阶段，这一时期的特点是向高效化方向发展、重视农药对生态环境的影响并强化对农药的管理。由于前一阶段高毒、高残留农药的大量使用所带来的环境污染问题引起了世界各国的关注和重视。DDT、六六六等辉煌一时的高残留的有机氯农药在许多国家相继被禁用，同时对农药的管理也得以加强，如 1970 年美国建立了环境保护相关法律，把农药登记审批工作由农业部划归为环保局管理，并把慢性毒性和环境影响列于考察的首位。为顺应时代的发展，一系列高效、低毒、选择性好的农药相继被开发出来，如拟除虫菊酯类杀虫剂、昆虫生长调节剂、三唑类杀菌剂、磺酰脲类和咪唑啉酮类除草剂。这个时期开发的农药，药效比前期的药剂提高了一至两个数量级，亩用量大幅降低，很多品种甚至降低至每亩几克。

4. 绿色农药时代

由于农药在防治病虫害过程中所产生 "3R" 问题不断加剧，即

环境友好的绿色农药
是未来发展的必然趋势

抗性（resistance）、再增猖獗（resurgence）和残留（residue），加之公众对农药的要求日益提高，绿色农药的概念也就应运而生，使农药的发展进入又一新阶段。简单地说，绿色农药的最大特点就是高效性、高安全性和环境友好性。自20世纪90年代以来，一大批绿色农药新品种相继被开发成功并得到大范围推广应用，在杀虫剂领域有新烟碱类杀虫剂吡虫啉、啶虫脒、噻虫啉、噻虫嗪、噻虫胺、呋虫胺、烯啶虫胺等，因其广谱、高效、低毒、低残留、内吸性好，不易产生抗性，对人、畜安全等特点使杀虫剂得到了进一步发展；"双酰胺"类鱼尼丁受体作用剂氟苯虫酰胺、氯虫苯甲酰胺、溴氰虫酰胺、四氯虫酰胺等则是继新烟碱类杀虫剂之后，最受市场关注的绿色新产品。在杀菌剂方面以嘧菌酯为代表的甲氧基丙烯酸酯类杀菌剂是绿色杀菌剂的典型代表。进入21世纪以来，吡唑酰胺类琥珀酸脱氢酶抑制剂类绿色杀菌剂发展迅速，已经有十多个产品上市。此外，生物农药在这一时期得以快速发展，微生物源及植物源农药开始被大量应用，同时，DNA重组技术及基因编辑技术也越来越受到关注。

　　从上面的介绍可以看出，农药从诞生开始，就随着经济社会的发展而不断发展变化。我们相信，随着时代的不断进步以及科学技术的不断发展，农药的内涵还会得到进一步深化与发展。

68. 哪些农药科技成果获得过诺贝尔奖？

众所周知，诺贝尔奖是自然科学领域世界公认的最高奖项。历史上，曾经有两项农药科技成果荣获诺贝尔奖。

1948年诺贝尔生理学或医学奖。

瑞士科学家保罗·赫尔曼·穆勒因发明了大名鼎鼎的杀虫剂滴滴涕（DDT）而获奖。

DDT是由奥地利化学家赛德勒在1874年首次合成的，但他当时并没有想到半个世纪后这个看似简单的小精灵会给世界带来翻天覆地的变化。

保罗·赫尔曼·穆勒

穆勒出生在瑞士阿勒河畔宁静而美丽的小镇奥尔滕，从小就目睹家乡农作物因为虫害而常常从郁郁葱葱变成满目疮痍。1925年获得化学博士学位后，他被瑞士奇吉公司聘为药剂师，从那时起，寻找一种强效低毒、简单便宜的杀虫剂就成为了他的理想。为此，他制定了七项指标：①杀虫活性高；②药效发挥迅速；③杀虫谱要尽可能广；④杀虫作用持久；⑤对哺乳动物和植物的毒性低；⑥没有臭味和刺激性；⑦价格低廉。经过四年的努力，筛选了几百种药物分子，终于发现了诞生于20世纪的DDT。他发现，DDT可以杀死几乎所有的害虫，包括蚊子、虱子、跳蚤和白蛉等，但对人类、鸟和哺乳动物似乎没有伤害。喷洒DDT后，农田里的害虫变少了，庄稼长得更好了，粮食也丰收了。更重要的是，疟疾等一度让人类束手无策的可怕传染病也因DDT的出现被控制住了。特别是在第二次世界大战期间，DDT被广泛使用，在控制疟疾、痢疾等疾病传播方面大显身手，挽救了几千万人的生命。由于DDT的杀虫效果强劲持久，杀虫谱非常广，合成简单，成本低，很快就赢得了"万能杀虫剂"的称号。1948年，保罗·赫尔曼·穆勒登上了瑞典斯德哥尔摩的领奖台，获得了该年度诺贝尔生理学或医学奖。

由于DDT几乎可以在任何时间杀死任何地点的任何害虫，二战后很快就在全世界范围内得到了大面积的应用。正所谓物极必反，正是因为DDT的杀虫谱非常广泛，所以在杀死害虫的同时，所有的昆虫包括益虫也被无差别地杀灭了。害虫虽然没有了，但对农作物必需的有益昆虫也被杀死了，比如蜜蜂也被大规模杀灭。另外，DDT的化学性质十分稳定，在自然界很难降解，可以通过食物链慢慢富集。

1962年，美国环保运动的先驱、科普作家蕾切尔·卡逊编写了一本科普读物《寂静的春天》，它描述了一个人类过度使用、滥用化学药品和肥料而导致环境污染、生态破坏的画面，人类将面临一个没有鸟、蜜蜂和蝴蝶的世界。《寂静的春天》促使人类反思，大多数发达国家从20世纪60年代后期开始禁用DDT，1972年美国环境保护署在进行了7次听证会后开始全面禁用DDT，此后全球开始逐步禁止DDT的使用。2004年生效的《关于持久性有机污染物的斯德哥尔摩公约》在全球范围内禁止了几种持久性有机污染物，DDT就被包括在内。我国也从1982年开始禁止DDT，一直到2009年全面禁止。但是，由于DDT是对付疟疾最经济、最有效的一种药剂，人类还没有找到DDT的替代品，所以世界卫生组织于2002年宣布，重新启用DDT用于控制蚊子的繁殖以及预防疟疾、登革热、黄热病等。

蕾切尔·卡逊和《寂静的春天》

　　《寂静的春天》出版后，关于 DDT 的争论就一直存在。其实，DDT 本身没有错，错的是人类对它的滥用！科学使用，实现人与自然的和谐相处，才是我们正确的选择！

　　2015 年诺贝尔生理学或医学奖。

　　爱尔兰科学家威廉·坎贝尔和日本科学家大村智因发现抵御蛔虫感染的疗法分享一半奖金，中国科学家屠呦呦因发明青蒿素获得另一半奖金。

威廉·坎贝尔　　　　　　　大村智　　　　　　　　屠呦呦

寄生虫类疾病是威胁人类健康的重大疾病，全世界有三分之一的人受到寄生虫的影响，河盲症和淋巴丝虫病就是两种由寄生虫导致的疾病。特别是生活在撒哈拉以南非洲、南亚以及中南美洲的人，很多人因为被一种叫作盘尾丝虫的寄生虫感染而患上河盲症，造成角膜感染，最终导致失明。而全世界感染淋巴丝虫病的约有1亿人，这种病会导致慢性肿胀，造成终生红斑并致残，包括象皮病（淋巴水肿）以及阴囊鞘膜积液。因此，寻找抵抗寄生虫感染的药物是科学家一直努力的目标。

大村智是一位微生物学家，主要致力于分离天然产物，他对一种生活在土壤中的链霉菌属进行了重点研究，分离得到了很多具有抗菌活性的链霉菌，将其中没有分离出已知抗生素的50份样品寄给了美国默克公司。威廉·坎贝尔是美国默克公司一位致力于寄生虫研究的科学家，他利用默克公司特有的筛选技术，从大村智送往默克公司的链霉菌土壤样品中，培养分离得到了一种可以有效抵御寄生虫感染的活性物质，并将这种物质命名为阿维菌素（avermectin）。对阿维菌素进行结构改造之后，得到了一种抵抗寄生虫感染更加有效的依维菌素（ivermectin）。1981年和1987年，作为治疗动物寄生虫病和人类寄生虫病的新药，阿维菌素衍生物先后获准上市。默克公司将依维菌素免费捐赠，用于盘尾丝虫病和淋巴丝虫病的治疗，至今已累计救助了15亿人次。现在，每年仍然有约2亿人在使用依维菌素。依维菌素是人类史上伟大的人道主义项目，不仅挽救了无数人的生命，而且也为默克公司带来崇高的社会声誉。

依维菌素的前身是阿维菌素，这是一种生物源农药，具有杀虫、杀螨、杀线虫活性，在农业生产中应用十分广泛，尤其是在防治水稻害虫方面非常受欢迎，是市场中占据重要地位的农药品种。相对于化学合成农药，阿维菌素的使用量较少而且药效持久，易被土壤吸附不会移动，从而被微生物分解。在植物和土壤表面的阿维菌素，在日照下可以迅速分解，因此阿维菌素在环境中不累积，对环境生态有较高的安全性。但是，根据我国农药毒性分级标准，阿维菌素属高毒农药。对阿维菌素进行结构改造得到了甲氨基阿维菌素苯甲酸盐（简称"甲维盐"），不仅毒性较阿维菌素大幅度下降，而且杀虫活性大幅度提高。甲维盐也是对生物源农药进行化学改造最成功的一个典型案例。

阿维菌素在 20 世纪 80 年代引进中国，经过一代代的技术革新，我国已经掌握了高效生产菌株的核心技术，成为世界上唯一的阿维菌素生产大国。长期主宰阿维菌素市场的美国默克公司不得不停止阿维菌素的生产，转而向中国采购，我国也因此成为拥有国际领先的阿维菌素产品创新技术和国际市场话语权的国家。截至 2018 年，我国阿维菌素原药和制剂登记总计达 2512 个，年产值超过 30 亿元，成为产值最大的生物源农药。

两次获诺贝尔奖，从另一个侧面反映了农药在人类生活中发挥了重要作用。农药与医药一样，是人类社会的保护伞！

69. 农药有哪些非农业用途?

农药在农业生产中是不可或缺的生产资料,为农业的稳产、丰产做出了极大的贡献。除了农业生产之外,农药的非农业用途也十分广泛,尤其在公共卫生、灭鼠、白蚁防治、木材防腐、道路维护、球场维护、船运等领域,农药均发挥了巨大的作用。

杀虫剂在农药的非农业应用领域占据的市场份额最大。在全球60余亿美元的非农用市场中,杀虫剂占53%,这其中防蚊类占9%、防蚁类占8%、防治蜚蠊8%、防治苍蝇等其他害虫占4%、防治白蚁占3%等。前面已经介绍过的DDT和依维菌素为人类的公共卫生事业做出了巨大贡献。虽然DDT已经被禁止大面积使用,但在防治卫生害虫等领域中,仍然有豁免权。南非在20世纪末期禁用DDT后就暴发了几次疟疾,迫使南非在2000年重新使用DDT来防治疟疾。此外,卫生杀虫剂是防治蚊、蝇、蚤、蟑螂、螨、蜱、蚁和鼠等病媒生物和害虫的药剂,是家家户户都会用到的一类产品。市场上琳琅满目的蚊香、气雾剂、喷射剂等,其活性成分绝大多数都是拟除虫菊酯类,全部都是按照农药进行登记管理的。所以,卫生杀虫剂的产品标签上,都会标明农药登记证号。

农药的另一个非常重要的应用领域就是工业除草。一些公路护坡、铁路路肩、机场跑道、森林防火隔离带等地段出于各种安全因素(如防火、驱鸟、增强线路稳定性等),需要采取除草措施。与农业领域相比较而言,非耕地除草工作对除草的彻底性、全面性、持久性和安全性有更苛刻的要求。相比人工除草,采用非耕地除草剂进行除草作业的操作更安全、效果更彻底、更能节省开支、提升效益。

与杀虫剂和除草剂一样,杀菌剂在非农业领域的应用也十分广泛。例如,百菌清作为农药可以用于防治多种植物病害,而在工业防霉、木材防腐方面也担当了非常重要的角色。农业生产中广泛使用的内吸性杀菌剂噻菌灵，由于具有广谱、高效、低毒、稳定等工业杀菌剂所要求的特点，从 20 世纪 80 年代起就逐步发展成为一种使用广泛的优良工业杀菌剂。

　　总之，农药已经渗透到人类生活的各个领域，早已不再是农业生产中的专用品。农药的非农业用途也逐渐成为一个重要发展方向，近十多年来一直呈现稳定增长的趋势。

70. 我国农药工业是如何走上绿色发展之路的?

作为一个农业大国，要想屹立于世界民族之林，就必须要成为世界农业科技强国。2016年颁布的《国家创新驱动发展战略纲要》提出，到2050年要把我国建成世界科技创新强国，成为世界主要科学中心和创新高地。2020年9月，习近平总书记在北京召开的科学家座谈会上指出，要坚持面向世界科技前沿、面向经济主战场、面向国家重大需求、面向人民生命健康，不断向科学技术广度和深度进军。农药是农业科技的重要组成部分，中国农药产业正是按照"四个面向"的要求，走上了一条绿色发展之路，为实现世界农药科学中心这一伟大目标而不懈奋斗!

（1）加强绿色农药创制，加快淘汰传统高毒农药。"绿色农药"这一科学概念是我国科学家在2002年第188次香山科学会议上率先提出的，标志着我国农药创制研究开启了一个全新的历史阶段。在国家科技计划的持续支持下，不仅汇聚培养了一支从事绿色农药创制的研究队伍，造就了多位在国际农药科技界具有重要影响的科学家，还先后创制出了一批具有自主知识产权的绿色农药新品种，使我国成为继美国、日本、德国、瑞士、英国之后第六个具有农药创制能力的国家。与此同时，先后淘汰禁止了50种高毒农药，并明确了16种农药的禁止使用范围，越来越多的绿色农药成为农业生产中的主打产品。

（2）大力发展绿色生产工艺。新中国成立之初，我国的农药工业几乎是一片空白。经过七十多年的发展，经历了从无到有、从弱到强的艰难发展历程，成为全球农药生产和出口第一大国，并形成了包括科技研发、原药生产、制剂加工、原材料及中间体配套、应用技术研发与推广的完整产业体系，科技创新推动了整个产业的绿色转型，农药产业向着绿色化、集聚化、循环化、精细化、高端化的方向实现科学有序发展。以重大品种生产工艺创新为例，一方面，通过对仿制品种的工艺创新，大幅度降低生产成本，打破了进口农药的高价垄断，使农民用得起。例如，世界第一大杀菌剂嘧菌酯刚刚进入中国市场时，售价高达 400 多万元一吨。我国农药企业通过不断的工艺创新，使其成本降至每吨 20 多万元，大大减轻了农民负担。尤其是上海泰禾集团，另辟蹊径，成功突破了国外专利的壁垒，研发出具有完全自主知识产权的全新合成工艺技术，不仅降本降耗降"三废"，而且产品品质大幅提升，使我国的嘧菌酯生产技术居全球领先地位。另一方面，通过技术创新和设备创新，实现规模化、自动化和连续化生产，以草甘膦、百菌清、嘧菌酯、阿维菌素、菊酯类杀虫剂为代表的一批重大农药品种的生产工艺达到世界领先水平。这些品种不仅在生产自动化程度上取得了大幅度提高，而且在资源的循环利用方面也近乎极致，成为中国农药绿色生产的典型案例。2017 年，习近平总书记视察了全球最大的草甘膦生产企业湖北兴发新材料产业园，对兴发集团大力发展循环化工、破解"化工围江"问题给予高度肯定。

（3）加强环境友好制剂研发。过去，我国的农药产品绝大多数是乳油。在喷施农药的过程中，大量的有机溶剂也被投放到环境中去，造成环境污染。现如今，环境友好型制剂逐步成为新农药登记的主流剂型，水性（基）化、纳米化、固态化、控释化、智能化等是农药剂型长远的发展方向。这些环境友好型新剂型，不仅具有减量增效、保护环境的技术优势，更具显著的省工省力优势。特别需要指出的是，纳米农药在 2019 年被国际纯粹与应用化学联合会（IUPAC）列为"改变世界十大化学新兴技术"之首。我国在纳米农药理论与应用上取得了重大突破，形成了具有完全自主知识产权的纳米农药核心制备技术体系，在国际上率先开展了《农药纳米制剂产品质量标准制订规范》，为推动我国农药工业转型升级和农业绿色发展奠定了坚实的科技基础。

（4）加强科学用药，构建绿色防控技术体系。随着现代农业生产方式的转变，我国的农业结构性调整和土地流转规模将进一步扩大，大面积机械化主粮种植区、设施蔬菜种植区、农牧交错带、生态脆弱区、边疆高原区等农业生产区，对不同区域的农作物病虫害防控提出了不同的需求，推动了高工效智能施药技术和轻简化实用技术的迅速发展，以无人机低容量喷雾为代表的一批精准施药技术在农业生产中得到大面积推广应用，有效提高了农药利用率，降低了农药使用量。与此同时，以高产、优质、节本和环保为导向，集成物理防治、生物防治、生态防治和药物防治等多种技术方法和手段，开展专业化统防统治，构建农业有害生物的绿色防控技术体系，通过大力推广取得了显著效果，不仅提升了农业经济效益，而且有力保障了农产品质量安全和食品安全。

（5）建立健全农药监管体系。我国从1982年开始实行农药登记制度，1997年颁布了《农药管理条例》，2001年和2017年进行了两次修订。特别是2017年修订后的条例以及一系列相配套的规章制度，实现了农药登记、生产、经营和市场监管的统一管理。2021年，我国又颁布了新的《食品安全国家标准　食品中农药最大残留限量》（GB 2763—2021）。新标准的数量首次突破1万项，达到国际食品法典委员会（CAC）的近2倍，基本覆盖我国批准使用的农药品种和主要植物源性农产品。自此，我国的农药监管体系已经进入世界先进水平的行列，为我国农产品质量安全和食品安全提供了制度保障。

（6）加大农药企业兼并重组。产业结构不合理、集中度低、企业小而散等系列问题是制约我国农药产业绿色发展的关键。早在2010年，国务院就出台了鼓励企业兼并重组的相关文件，开启了农药企业兼并重组的序幕。2011年，中国化工集团有限公司收购了世界第七大农用化学品公司以色列马克西姆·阿甘公司，后更名为安道麦，2017年与中国第一家上市农药企业沙隆达完成合并，更名为"安道麦股份有限公司"，成为全球最大的非专利农药企业。2016年，中国化工集团有限公司又以430亿美元的价格完成对瑞士先正达公司的收购，使我国获得了世界领先的农化及种子技术。除了海外并购外，本土农药企业之间也加快了兼并重组，如利民股份与威远生化的

合并、福华通达与江山股份的合并等。最近，国家颁布的《"十四五"全国农药产业发展规划》，明确要进一步推进农药生产企业兼并重组、转型升级、做大做强，培育一批竞争力强的大中型生产企业。

新冠疫情等再一次表明，粮食安全在任何时候都是关系国家安全的基础。我国是一个病虫害多发的国家，农药在保障粮食安全方面发挥着不可替代的作用。作为世界第一大农药生产国，在保持现有产业完整性和规模性优势的基础上，始终坚持"四个面向"，进一步加强绿色农药科技的原始创新能力建设，创制出更多的性能更优异的绿色农药，促进农药品种的更新换代，推动农药工业的绿色高质量发展，这是我国从农药生产大国向农药科技强国转变的必由之路。

71. 农药行业是如何参与
   "一带一路"建设的?

"一带一路"是国家主席习近平 2013 年出访中亚和东南亚国家时提出的一项国家级顶层合作倡议。农业是"一带一路"建设的重要领域。很多沿线国家都面临农业基础设施落后、生产体系不健全、质量效益不高、农业投入品短缺、粮食生产效率低、粮食安全保障能力不足等问题。农药是保障世界粮食安全的重要战略性物资,作为世界第一的农药生产大国,物美价廉的中国农药正是巴基斯坦、泰国、印度尼西亚、越南等众多"一带一路"沿线国家所亟需的资源,农药为这些国家的粮食安全发挥了保驾护航的作用。"一带一路"沿线国家是我国农药出口的主要地区,其中巴基斯坦和泰国等国家所需农药的80% 以上依靠从中国进口。

除了提供物美价廉的绿色农药之外,帮助沿线国家开展人才培训、提高农药科技与管理水平,是中国农药行业参与"一带一路"建设的重要任务。2017 年以来,农业部举办了一系列"一带一路"沿线国家农药政策人才培训班,带动沿线国家的农药登记管理政策、风险评估、实验室建设、标准化技术、安全使用等管理技术能力的提升。中国农药发展与应用协会还专门成立了"一带一路"工作委员会,为我国农药企业与沿线国家的国际合作搭建了交流和对接平台。2021 年,中国、柬埔寨、缅甸、巴基斯坦、越南农业部门就共同建立农药产品质量标准达成合作共识,共同发布了《促进"一带一路"合作 共同推动建立农药产品质量标准的合作意向声明》。我国完整的农药产业链、丰富的产品种类以及制定农产品质量标准与农药残留限量标准的宝贵经验,为推进"一带一路"沿线国家农业标准的协同互认奠定了坚实的基础,不仅提高了沿线国家的农药产品和农产品质量安全水平,而且促进了农药及农产品领域的公平公正贸易与投资。例如,作为重要的国企和世界 500 强企业，中国中化控股有限责任公司充分发挥自身农药产品种类多、覆盖范围广的优势，与"一带一路"沿线国家建立了紧密的农药业务合作，已覆盖了数十个国家和地区，拥有 109 个产品品牌，不仅帮助合作国家提高农药的科学用药水平，大幅度提高了当地的粮食生产效率和产量，还促进了当地国家的优质农产品出口。2020 年 4 月，巴基斯坦发生了历史上罕见的"世纪蝗灾"，给粮食安全和人类生活带来前所未有的威胁，应巴基斯坦的请求，我国及时派出顶尖治蝗专家组奔赴巴基斯坦，还援助了 30 万升农药和 50 台装备，帮助巴基斯坦成功控制了蝗灾。

72. 中国农药化学之父——杨石先

杨石先（1897—1985）是我国著名的化学家和教育家，中国农药化学和元素有机化学的奠基人与开拓者。

1910 年，杨石先考入清华学堂；1918 年，赴美国康奈尔大学攻读农科，一年后转入应用化学科学习；1922 年获应用化学学士学位；1923 年，获得硕士学位。同年回国，受聘于南开大学。1929 年，再次赴美国耶鲁大学从事生物活性杂环化合物研究，获得博士学位。1931 年回南开大学任教，讲授无机化学、有机化学、高等有机化学、药物化学、农药化学等课程。抗日战争爆发后，随校南迁，任国立西南联合大学理学院化学系主任,后任联大教务长。1945 年第三次赴美，在印第安纳州立大学任访问教授，从事药物化学研究。1948 年回南开大学任教。新中国成立后，历任南开大学教务长、校长、名誉校长；曾当选第一届至第五届全国人大代表，第五届、六届全国政协常委，担任中国科学院学部委员、化学部主任，国家科委化学组组长，中国化学会理事长，全国科协副主席，天津市科协主席等职。1953 年参加中国民主促进会，曾任民进天津市主委。1960 年加入中国共产党。

杨石先一直主张"大学必须开展科研工作，以教学带动科研，以科研促进教学""科研必须结合生产、结合教育"。他不仅这样提倡，而且身体力行。

杨老从小对植物学就很感兴趣，新中国成立后，他考虑到我国是一个农业大国，根据国家的需要，毅然将自己的药物化学研究方向转到农药化学。在当时的历史条件下，我国的农业生产水平是很低的，提高粮食产量，解决人民群众吃饱饭是一项重大又紧迫的国家需求。1953年，在十分简陋的实验条件下，杨老开始了植物生长刺激剂的研究，研究成果刊登在1957年创办的第一期《南开大学学报（自然科学版）》上。1956年，在国内率先开展了有机磷化学研究，开始研发有机磷杀虫剂。1958年，为了完成新建的天津农药厂的重点项目，他带领一批年轻教师奋战了40多个日日夜夜，完成了我国第一个有机磷杀虫剂"对硫磷"的合成工艺研发，使对硫磷在天津农药厂投产，圆满完成了紧急生产任务。与此同时，他在南开大学创建了"敌百虫"和"马拉硫磷"两个农药生产车间，很快就生产出了合格产品，解决了当时我国农业生产急需杀虫剂的问题。1958年8月13日，毛泽东主席亲临天津，视察了南开大学农药生产车间和天津农药厂。这一年，杨石先当选为中国化学会理事长。

20世纪70年代初，我国水稻产区发生了非常严重的白叶枯病，水稻每年因此减产约10%，个别地区减产高达四五成。白叶枯病病原菌具有非常强的传播能力，特别是遇上暴雨和大风天气，一天之内就可使成千上万亩的水稻变枯黄。杨老通过文献调研，发现美国有一种可以有效防治水稻白叶枯病的新农药，但具体信息由于技术封锁无从得知。为了攻克危害水稻生产的白叶枯病害，杨石先带领李正名等一批青年科研人员，经过一年多的科技攻关，试验了十几条不同的工艺路线，终于成功研制出了防治水稻白叶枯病的新农药——叶枯净，在 1978 年获全国科学大会奖。

1957 年，杨石先参加了由郭沫若率领的访苏代表团，和苏联科学院签订了中苏科学合作协议，其中内容之一就是苏联科学院帮助中国建立一座新型的元素有机化学研究所。1962 年，经中央批准，中国高等学校的第一个化学专业研究机构——南开大学元素有机化学研究所正式成立。元素所设立了有机磷、有机氟、有机硅、有机硼、金属有机化学等研究方向，先后开设了多次全国重点大学元素有机化学讲习班，为中国有机化学事业的发展培养了一大批人才。正是在杨老的带领下，南开大学先后研制成功了一大批农药，如有机磷 32 号及 47 号、灭锈一号、除草剂一号、矮健素、螟蛉畏、燕麦敌、叶枯净、多霉净、三唑酮、久效磷、高效氯氰菊酯、溴氰菊酯、氰戊菊酯、精喹禾灵、毒死蜱、甲维盐、吡虫啉等多个重要品种。后来，杨老的学生和助手李正名院士创制出我国第一个具有完全自主知识产权的超高效除草剂单嘧磺隆。元素有机化学研究所自建所以来，先后获得包括国家自然科学一等奖在内的省部级以上科技奖励数十项，转化的技术成果服务经济社会发展，创造了巨大的经济效益和社会效益，农药化学也因此成为南开大学化学学科的特色名片。1985 年，依托元素有机化学研究所，建立了元素有机化学国家重点实验室，农药化学是其中的一个主要研究方向。2019 年，习近平总书记视察元素有机化学国家重点实验室，对实验室在科技创新服务经济社会发展方面取得的优异成就给予了充分肯定和鼓励。

为了筹建元素所，杨老先后邀请了包括 4 位苏联科学院院士在内的一大批苏联专家来南开讲学，对我国元素有机化学的发展起了重要的推动作用。1977 年杨老出席全国科学大会，他所主持的 10 项农药科研成果全部荣获全国科学大会奖。1978 年，根据中央的部署，杨老开始分批选派中青年教师出国深造，为我国的化学和农药化学学科培养了一大批杰出人才，如量子化学家唐敖庆、生物物理学家邹承鲁、高分子化学家何炳林、农药化学家陈茹玉、有机磷化学和农药化学家胡秉方、无机化学家申泮文、金属有机化学家王积涛等，都曾是杨老的学生。诺贝尔奖得主、著名物理学家杨振宁也曾听过杨石先的课。

杨老一生对化学学科发展十分关心，他曾写道"我从事化学工作已 60 年了，我对化学还有深厚的感情。——希望化学还是不断有新的发明创造，在赶超世界水平上作出我国独特的贡献"。1982 年，他为中国化学会题词"化学要为中国的经济繁荣、学术进展做出更大的贡献"，从中凝练出的"繁荣经济、发展学科"的办学思想在今天看来仍然具有前瞻性。

"青松在东园，众草没其姿。凝霜殄异类，卓然见高枝。"杨石先喜爱花草，遂以青松为喻，体现他一生不畏艰难、勇往直前的品质。

话说农药：
魔鬼还是天使？

73. 赵善欢与我国的植物源农药研究

　　1914 年，赵善欢出生于广东省高要县，从小就喜欢捕捉千奇百怪的昆虫，从那时起他就萌发了研究昆虫的想法。1929 年，年仅 15 岁的他进入中山大学农学院学习。1933 年，毕业留校任助教。1935 年，被选送至美国俄勒冈大学深造。1936 年，他转学到当时美国农学学科最好的康奈尔大学深造，仅用了两年时间就取得了博士学位。1939 年，他毅然回到了因为抗日战争而迁至云南澄江的中山大学农学院，被聘为副教授，次年晋升为教授，当时只有 26 岁。

　　回国后，看到千疮百孔、满目疮痍的国家，他深刻体会到祖国的落后和人民的疾苦，便立志要用自己平生所学报效祖国，把帮助农民提高农作物产量、服务战时农业发展作为自己投身抗日救国的最好方式。当时战火纷飞，科研条件极为简陋。他注意到西南地区植物类型十分广泛，植物资源极为丰富，便萌发了开展杀虫植物研究的想法，并把这确立为自己的主攻方向。正如后来他在《植物性农药与合成农药的比较毒力》一文中所描述的："在我们寻找既经济又有效的杀虫物质资源过程中，发现植物中蕴含具有农药作用物质的无尽资源，中国丰富的植物资源开发是一个充满挑战性的研究领域。"为此，他在云南、贵州、广西、湖南、广东等地开始大范围调查我国的杀虫植物资源，经常是带着干粮行走于山间林野，露宿于荒村古庙。1940年，他与云南大普吉农事试验场合作开辟了杀虫植物苗圃，搜集、引种、培育滇南杀虫植物，开展活性成分提炼研究，积累植物性农药的相关资料，大力促进杀虫植物的研究生产，为我国西南大后方病虫害的科学防治积累了专业技术知识。1944年，赵善欢发表了我国第一篇杀虫植物资源调查报告《我国西南各省杀虫植物调查报告》，为我国的植物源农药研究提供了第一手资料，是我国杀虫植物研究的一个重要里程碑。

20世纪50年代，赵善欢主持开展了鱼藤酮杀虫剂研究，他带领师生一起收集了华南地区和东南亚不同鱼藤品种，并对其有效成分进行了系统研究，成功研制出鱼藤酮杀虫剂，大面积用于果蔬害虫防治。为了解决生产植物性农药原料来源不足问题以及减少资源浪费，实现植物源杀虫剂的现代化规模生产，他又先后研制出鱼藤根粉、1%鱼藤酮乳油和2.5%鱼藤酮乳油等系列产品。在当时的时代背景下，鱼藤根粉一度成为我国的主要农药品种，在农业生产上得到了大面积的推广应用。1958年，广州农药厂正式投产2.5%鱼藤酮乳油并生产至今，随后上海药械厂也成为我国最早生产鱼藤酮乳油的厂家之一，使鱼藤酮走上了规模化生产的道路。2010年，鱼藤酮获得国家科技进步二等奖。尽管鱼藤酮乳油的生产历程跨越了半个多世纪，但至今我国多数生产企业所采用的仍然是他当时所研发出的生产技术。1970年以后，随着农药工业的发展及化学农药的广泛应用，直接用作杀虫剂的鱼藤根粉市场萎缩。近年来，由于人们对环境保护和食品安全的日益重视，鱼藤酮又重新获得了市场的青睐。

后来，他又系统研究了楝科等40余种植物的杀虫作用，并从非洲成功引种了印楝到广东和海南，推广种植超过百万亩，从印楝树中提取出的印楝素成为我国重要的杀虫剂品种。印楝素的开发成功再一次掀起了植物源农药的研究热潮，包括赵善欢的多名学生在内的国内多位学者先后研究了3000多种植物的农药活性成分，相继开发出苦皮藤素、大黄素甲醚、蛇床子素等多个植物源农药。赵善欢在研究杀虫植物的同时，还利用广泛搜集、繁殖的各种杀虫植物，在华南农业大学校园内建立了杀虫植物标本园。这个小园子坐落于校园的西南角，被誉为中国植物源农药的发源地。

除了从未间断过的科学研究外，赵善欢还一直活跃在三尺讲台上。1960年和1981年，他主办了两期全国农林院校植物化学保护师资培训班，在全国农林院校为植物性农药研究培养了大批师资力量。他主编的《植物化学保护》教材，被全国79所高校采用，荣获全国教材建设二等奖。自1978年我国恢复研究生招生制度以来，赵善欢先后培养了40多位从事植物性农药研究的博士和硕士研究生，他们当中绝大多数后来都成长为我国植物源农药的学科带头人和教学科研骨干。

早在20世纪60年代，赵善欢就提出了"杀虫剂田间毒理学"的学术观点，是最早提出将昆虫毒理学和生态学进行紧密结合的昆虫毒理学家。赵善欢卓著的科研成就和高深的学术造诣，赢得了党和人民的信任。1995年，他荣获广东省"南粤杰出教师"奖，曾任第三届全国人大代表，第五届、六届、七届全国政协委员。1980年他当选为中国科学院学部委员。1998年被授予中国科学院资深院士称号。

赵善欢被誉为我国杀虫植物研究的开山鼻祖，即使到了七八十岁的高龄，他也依然坚持到田间，了解实际生产情况。"做学问要善于抓两头：一头是了解国际先进科技成果，一头是了解国内生产实际，包括学习和总结群众的生产经验。"赵善欢常说的这句话如今被雕刻在华南农业大学院士广场的铜座上，引导着一批又一批的青年学子。

大师已飘然远去，唯有精神永流传。赵善欢严谨的学术风格，一丝不苟的科研精神，在中国农业科学领域留下了浓墨重彩的一笔。

话说农药：
魔鬼还是天使？

74. 井冈霉素之父 —— 沈寅初

　　1959 年至 1961 年期间，我国农田连续几年遭受了大面积自然灾害，导致发生了全国性的粮食和副食品短缺危机，史称"三年自然灾害"，是新中国成立以后发生的第一场连续多年的严重自然灾害，全国主要产粮区减产超过 50%。

　　造成大幅度减产的一个重要原因就是农药短缺。为此，1963 年国家决定成立上海市农药研究所等四家农药研究机构，时年 25 岁的沈寅初从复旦大学研究生毕业后，响应号召加入了上海农药所的组建，从此开启了自己的农药研究生涯。水稻纹枯病是危害水稻的三大病害之一，而当时我国没有能有效防治水稻纹枯病的农药。由于水稻是我国的主要粮食作物，沈寅初意识到这是一个非常有意义的研究课题，所以就把研制水稻纹枯病防治药剂作为自己的主攻目标。

　　那个年代，我国的农药研究和工业基础都非常薄弱。沈寅初通过大量的文献查阅，发现当时国外防治水稻纹枯病最有效的药剂是有机砷制剂，是以砒霜为原料合成的一种无机农药，毒性很大。为了尽快仿制出这种农药，沈寅初开展了夜以继日的实验，每天都和砒霜打交道，在他和团队成员的共同努力下，有机砷制剂很快就被仿制成功，并投放至农业生产中，缓解了水稻纹枯病无药可用的局面。但是，沈寅初对这个产品并不满意，由于砒霜的毒性大，生产和使用过程不安全，而且还有药害，对水稻品质有一定影响。因此，沈寅初决定发挥自己生物化学的专业优势，把研究方向投向了天然抗生素，他相信，自己一定能够从大自然中寻找到更高效、更安全、真正属于我们自己的新农药。怀着这个理想，沈寅初走遍了浙江、江西、福建、广东、广西、云南、贵州等大半个中国，采集了数万份样本，开展筛选、测试、分离和鉴定。缺少仪器设备，就自己动手做；没有摇床，就到其他单位去借；买不到离子交换树脂，就自己动手合成……，沈寅初就是通过发扬艰苦奋斗、自力更生的精神，带领大家一步步建立起了抗生素选育平台，推进了新中国农用抗生素的研发。

要知道，从大自然中筛选发现特定抗生素犹如大海捞针，每天重复着雷同的工作，枯燥无趣，且大多以失败告终。要想取得突破性发现，除了需要坚实厚重的知识储备外，往往还需要敏锐的思维和灵光一现。1971年夏天，沈寅初在井冈山吉安县的一处小山丘上采到了一份菌株，发现其对水稻纹枯病的防效很高。拿到这份菌株，沈寅初兴奋不已，带领团队迅速开展了分离提纯、结构鉴定和药效评价实验，很快就确定了有效成分的结构，并将其命名为"井冈霉素"。一个自主创新的划时代农药就此诞生了！随后，沈寅初开始组织生产和大田试验。由于当时没有成套的发酵设备，沈寅初就自己创建了土法生产技术，一个土罐，一碗米饭，接上菌种，在37～40℃下培养一个多星期，即可用来防治一亩稻田的水稻纹枯病。这个土方法既经济，又简单，各家各户都可以实施，使得井冈霉素在农业生产中迅速得到应用。

一个新农药，即便性能再完善，但如果它的成本太高，最终农民还是无法接受。这是农药开发比医药品难度更高的一个关键问题。当初从井冈山土壤中分离出的原始菌种，每毫升每小时只能产生1个单位的井冈霉素，按此计算每亩的用药成本将达到10元以上。这个价格在当时算得上是天价了。为了降低成本，沈寅初又开展了菌种选育、发酵条件、提取技术及制剂加工诸方面的研究，终于使每小时每毫升井冈霉素的生产量提高了30倍，这一发酵水平在当时的整个抗生素行业中也是最高的。后来，又通过不断的技术改进，使生产成本不断下降，到1976年井冈霉素已成为用药成本最低的农药品种。接下来，为了大面积推广井冈霉素，沈寅初带领科技和工程人员开始在全国建

话说农药：
魔鬼还是天使？

立井冈霉素的工业化生产装置，从海南到广东，再一路北上，几年间在全国建成了数十套生产装置，发酵罐从两千升逐步放大到十万升，推广应用面积达到数亿亩，年挽回粮食损失达数十亿公斤。

井冈霉素成功的喜讯传开后，全国闻风而动，各地的企业纷沓而至，向沈寅初寻求技术支持。为了满足全国水稻纹枯病防治的巨大用药需求，保障国家粮食安全，沈寅初免费向全国企业提供了菌种和标准品，并开展生产、分析和使用技术培训。沈寅初的无私奉献使得井冈霉素迅速在全国遍地开花，成为防治水稻纹枯病的最好药剂，覆盖了全国超过80%的水稻。虽然井冈霉素的技术已经在数十家工厂应用，带来了巨大的经济效益，但是沈寅初和他的团队却未收取任何转让费。1976年，国家出台了科技成果有偿转让办法后，当年生产井冈霉素的龙头企业之一——钱江生化给沈寅初团队发了两万元激励费，沈寅初随即就分给了上海农药所的300多名员工，这也是上海农药所全体员工第一次分享到了科技创新带来的红利！

虽然那个时候还没有提出绿色农药的概念，但井冈霉素其实就是一种不折不扣的绿色农药。在20世纪70～80年代，绝大部分农药的亩用量均在几百克甚至上千克，而井冈霉素只需每亩3~5g即可达到90%以上的防效。此外，井冈霉素十分安全，对人畜无毒，对作物、蜂鸟鱼蚕和生态环境也几乎没有任何影响。虽然已经使用了五十多年，但至今仍然没有发现明显的抗药性。它十分便宜，时至今日，井冈霉素仍然是亩用药成本最低的农药品种之一，甚至比矿泉水还要便宜，是最受农民欢迎的农药产品。

沈寅初发现、培育、开发、推广并几十年坚持不懈地深入研究井冈霉素，为我国农药科技事业做出了巨大贡献，被誉为"井冈霉素之父"，并在1997年当选为中国工程院院士。正如他自己所说的，"我最自豪的是，老百姓吃的每一粒粮食几乎都用过我的农药"。虽然发现井冈霉素已经有50多年了，但对井冈霉素的研究和思考却从未停歇。近年来，人们发现井冈霉素具有植物免疫激活剂的作用，可以与多种农药进行复配而发挥增效作用。例如，与多菌灵复配防治小麦赤霉病，可增效5倍以上。这一新发现，必然将开启井冈霉素的应用新领域！

　　沈寅初与井冈霉素的故事充分反映了我国老一辈农药人自强不息、艰苦奋斗的精神风貌，也是我国农药科技事业自主创新、永攀科技高峰的缩影。

75. 种花得豆——多菌灵的创制故事

20世纪50～60年代，我国水稻、小麦、棉花等主要粮食和经济作物频繁遭受十分严重的病害，导致产量锐减，部分地区甚至绝收。为此，1965年国家组织国内科研单位和大专院校针对当时我国农业生产中的十大病害开展新农药科技攻关研究。当时，下达给沈阳化工研究院的任务是进行防治棉花黄萎病、棉花枯萎病和苹果树腐烂病这三种病害的新农药创制。不久，"文化大革命"开始了，时任全国政协委员的沈阳化工研究院总工程师张少铭被下放到该院农药二室，参加防治棉花枯萎病和黄萎病的攻关任务。当时，农药二室主要由化学合成和生物测定人员组成，但真正熟悉农药创制的只有张少铭，科技攻关的重担也就自然而然地落在了张少铭的肩上。

为了寻找攻关方向，张先生带领大家进行了系统的文献检索。在那个年代，检索文献可不像现在这么方便，登录网络数据库，输入关键词，所有文献都很快就查到了。那个年代，没有互联网，更没有电子数据库，只有纸质文献，而且主要是《美国化学文摘》《德国化学文摘》《拜耳斯坦有机化学手册》《盖墨林无机化学手册》等。更重要的是，很多期刊资料都无法查到原文，即便是通过这些手册检索到了一些有价值的信息，也无法获得完整的信息。即便如此，张少铭带领大家经过艰苦的资料检索，终于发现美国杜邦公司研发了一种名为苯菌灵的新杀菌剂，这种杀菌剂具有非常好的内吸活性，在植物表面（茎叶）被吸收后，可以在体内进行传导。张少铭敏锐地意识到，这种内吸性杀菌剂将会给植物保护带来划时代的进步。因为在此之前，农用杀菌剂都是保护性的，施药时必须确保对植株进行全覆盖，没有被药剂覆盖的部位仍然会受到病原菌的侵染。而内吸性杀菌剂可以在植物体内进行传导，既可以向上传导，也可以向下传导，甚至进行双向传导。因此，内吸性杀菌剂即便是局部施药，也可以保护整个植株，优点是不言而喻的。

为此，张少铭组织大家很快就合成出苯菌灵的样品，对苯菌灵进行了系统的研究，并对它进行了系统的结构改造，合成了大量的结构类似物。通过温室生物活性测试发现，在合成的新化合物中，有一个编号为44#的化合物具有很强的杀菌活性，而且活性比苯菌灵还要高。更重要的是，44#化合物的杀菌谱很广，它对植物真菌中的三个菌亚门，即子囊菌亚门、担子菌亚门、半知菌亚门都表现出优异的内吸活性。看到这些结果，张少铭和他的团队都无比激动，立即联系中国农科院棉花研究所（安阳）开展田间试验，结果发现使用44#进行棉花拌种，能够有效防治棉花苗期红腐病、立枯病、炭疽病，但对棉花枯萎病和黄萎病的防治效果不理想。得到这个结果，张少铭和他团队的心情一下子跌落到谷底，因为这意味着没有实现国家下达的科技攻关目标。

有道是，有意栽花花不发、无心插柳柳成荫。江苏省农科院植保所杜正文教授在得知张少铭团队发现了一个具有很好杀菌活性的新化合物后，于1969年底联系张少铭先生，希望张先生能够为其提供44#化合物的可湿性粉剂80kg。由于该药剂对棉花枯萎病和黄萎病效果不理想，当时情绪极度低落的张少铭觉得没有完成国家下达的科技攻关任务，留着这些样品也没有什么价值，就把样品全部交给了杜正文教授。1970年春，江苏省小麦遭受到了非常严重的赤霉病危害，由于无药可用，农民束手无策。杜正文教授抱着试试看的心态，将44#化合物用于防治小麦赤霉病，结果发现用药后的小麦田安然无恙，防治试验获得巨大成功，引起了相关部门的高度关注。张少铭先生得知这一试验结果后，非常激动，44#化合物重新获得生机。从此，代号为44#的化合物被正式命名多菌灵，开启了我国自主研发杀菌剂的一个新时代。当时，江阴农药厂、吴县农药厂、新沂农药厂、上海染化十四厂等数十家企业相继建立多菌灵生产线，其产量不断攀升，连续多年位居杀菌剂产量的前列，2016年产量近6万吨。目前，全国登记防治小麦赤霉病的杀菌剂有80多个产品，其中60多个产品的有效成分包含多菌灵。同时，多菌灵还广泛应用于其他大田作物、果树、蔬菜、花卉、经济作物防治多种病害，至今仍被广泛应用。

虽然没有能够实现当初国家下达的防治棉花枯萎病和黄萎病的目标，但多菌灵却对小麦赤霉病具有极其优异的防效，成为防治小麦赤霉病的主打药剂，畅销半个世纪，为我国粮食安全作出了巨大贡献。

正所谓，种花得豆，科技创新中有很多的偶然性，但偶然中又蕴含着必然。"多菌灵之父"张少铭功不可没！

76. 植物病毒的克星——
毒氟磷的创制故事

　　2009年，云南省施甸县旧城乡的水稻田大面积暴发一种病害，造成600亩绝收。起初，农民怀疑是稻种的问题，于是向种子经销商索赔，弄得种子经销商苦不堪言。2011年，该病害在旧城乡又造成1000多亩水稻绝收。这引起了当地农业管理部门的高度重视，邀请业内专家进行现场诊断，这才发现元凶正是南方水稻黑条矮缩病和齿叶矮缩病，这是两种植物病毒病，是由植物病毒寄生在植物体内引起的病害。

　　植物病毒病被称为"植物癌症"，种类多、分布广、危害重，难以防治，全世界每年因植物病毒导致的农作物损失高达200亿美元，是农业生产中的世界性难题。

　　宋宝安早在研究生阶段就对植物病毒病产生了浓厚兴趣，他立志要攻克这一世界性难题。研究生毕业回到贵州大学工作后，他就开始了抗植物病毒病的新农药创制研究。通过文献检索，他发现20世纪50年代末日本科学家从绵羊体内分离到一种名为α-氨基膦酸的天然氨基酸类似物，这种天然产物具有广谱的生物活性，包括抗植物病毒病的活性。这引起了宋宝安的关注，认为α-氨基膦酸是一类非常值得深入研究的天然活性物质。因此，他带领团队围绕α-氨基膦酸开展全方位的结构优化研究，合成出了数千个新型的α-氨基膦酸类化合物，经过反复的温室和田间生物活性筛选，最终发现了抗植物病毒新农药——毒氟磷，于2007年获得新农药临时登记，2016年获得正式登记，成为我国具有完全自主知识产权的抗植物病毒病农药新品种，2009年时任国家副主席习近平视察贵州大学时给予高度肯定。

　　"毒氟磷"的"毒"字，是指抗病毒功能，并非指这个农药是有毒的。相反，"毒氟磷"是一种毒性极低的新农药，其大鼠急性经

口 LD_{50} 值大于 5000mg/kg，按照毒性分级标准，属于微毒化合物，对非靶标生物十分安全，是一种环境友好的新农药。

2009 年至 2013 年间，南方水稻黑条矮缩病（简称"南矮病"）在我国南方地区大暴发，造成一些地区水稻绝收，给粮食安全构成严重威胁。为此，农业部专门成立了南矮病防控专家组，聘任宋宝安担任专家组组长。宋宝安带领团队经过了无数次的药剂筛选，结果发现"毒氟磷"对南矮病的防效最好。随后，他又和全国农业技术推广服务中心的专家一道，奔赴江西、湖南、广西、云南、贵州、河南等水稻主产区反复开展田间试验，最终摸索建立了以"毒氟磷"为核心药剂的南矮病绿色防控技术体系，并建立了几十个示范区，取得了非常显著的效果，基本解决了南方水稻黑条矮缩病的防控难题，并因此获得国家科技进步二等奖，宋宝安本人也于 2015 年当选中国工程院院士。"毒氟磷"被列为全国农业技术推广服务中心重点推广新产品和国家重点推广新产品，被广泛应用于番茄、辣椒等作物病毒病的防治，深受农民欢迎。

对照区

使用毒氟磷防控区

77. 偶然中的必然——
乙唑螨腈的创制故事

"杀螨至宝，卓尔不凡"是广大农民非常熟悉的一句广告词，说的是我国沈阳化工研究院自主创制的新型杀螨剂乙唑螨腈，商品名"宝卓"。

提起螨虫，很多人会对这种肉眼看不见的东西心有余悸，因为它会对我们的健康造成危害。正因为如此，市场上除螨护肤品、除螨小家电等产品是琳琅满目，令人眼花缭乱。一些除螨广告也铺天盖地，可谓家喻户晓。事实上，农业生产中，螨虫的危害也是非常大的。世界上已发现的螨虫有 5 万多种，仅次于昆虫。农业上的螨称为植食性螨虫，属于节肢动物门，蛛形纲，蜱螨目的一类体型微小动物，大多数种类小于 1mm，一般都在 0.1 ~ 0.5mm 左右，广泛分布于世界各地，可以危害多种农作物，如柑橘、棉花、苹果、花卉以及各种蔬菜等。作物一旦被螨虫侵害，轻者破坏作物外观，降低果实质量，严重的能导致作物减产，甚至绝收。

由于害螨体型微小，肉眼无法分辨，很难通过人工或机械手段进行防治，化学杀螨剂成为最经济有效的防治手段。目前，市场上应用较多的杀螨剂有拜耳公司的螺螨酯、日本住友公司的乙螨唑、爱利思达公司的联苯肼酯等，年销售额均在 1 亿元人民币左右。近年来，由于害螨繁殖快，长期大量使用单一杀螨剂导致抗药性发展十分迅速。因此，市场上迫切需要安全高效的新型杀螨剂品种。

沈阳化工研究院李斌研究员从 1987 年就开始从事新农药创制工作，创制杀螨剂就是研究院交给他的一个主攻目标。为此，他认真总结分析了市场上的杀螨剂品种，认为日产公司开发的腈吡螨酯非常有特点，有很大的改造空间。腈吡螨酯的分子结构中含有一个苯环和一个吡唑环，两个环通过一个碳碳双键连接。腈吡螨酯主要有 8 个结构修饰位点，其中吡唑环上 3 个、苯环上 5 个。如果每个位点需要进行十种变化，理论上需要合成 1 亿个化合物。这可是个天文数字，几乎是无法完成的。为此，他们把腈吡螨酯的全部文献都进行了归纳总结，进行了系统的结构活性关系分析，发现日产公司对苯环上的修饰位点已经研究非常透彻了，再在苯环上进行结构修饰可能收效甚微。相反，日产公司对吡唑环上的修饰研究不多，空间还比较大，所以搞清楚吡唑环上取代基对杀螨活性的影响是非常有意义的。在保留母体结构不变的情况下，围绕吡唑环的 1，2，3 三个位点进行修饰，仅需合成 1000 个化合物，大大缩小了天文数字，研究效率将会大大提高。

进一步系统总结文献，发现关于吡唑环上 1- 位和 2- 位两个位点的修饰也已经很多了，而对 3- 位的取代基修饰研究明显少得多。这样，他们就把工作重点放在吡唑环 3- 位的修饰上。要开展 3- 位的取代基的修饰，首先就要制备出各种各样的、一种名为肼的化学试剂作为起始原料。可以直接购买到的商品化的肼非常有限，这应该是文献对吡唑环 3- 位修饰研究比较少的主要原因。他们将吡唑环 3- 位甲基改变为易于合成的叔丁基，结果发现几乎没有杀螨活性。他们推测，可能是叔丁基的体积太大了。如果真的如此，那么换成体积较小的乙基或者是异丙基，结果会怎么样呢？

但是，没有现成的乙基肼或异丙基肼试剂，要想验证上述推测，就必须设法自己合成乙基肼和异丙基肼。负责这一任务的研究生叫程岩，她探索了很多反应条件也没有成功。在一次工作进展讨论会上，导师李斌研究员逗她："不要着急，慢慢来，实在不行就延期一年毕业，没关系！"没想到，导师的一句玩笑话却把她吓得一晚上没有睡好觉。从那一刻起，程岩就加倍努力，每天都泡在实验室里，吃饭睡觉都在想着实验。功夫不负有心人！结果，不到半年程岩就克服了重重困难，设计了新的合成方法，终于成功合成出了乙基和异丙基吡唑衍生物。杀螨活性筛选发现，异丙基吡唑衍生物几乎无活性，而乙基吡唑衍生物的杀螨活性却非常高，最终于2009年发现了性价比优于腈吡螨酯的新型杀螨剂乙唑螨腈，2015年获得农业部临时登记，2018年获得正式登记，用于防治柑橘树红蜘蛛、苹果树叶螨和棉花叶螨等多种农业害螨。乙唑螨腈对不同生育阶段的害螨（卵、幼若螨、成螨）均有效，且受温度影响较小。具有作用速度快、持效期长、对非靶标生物安全的特点。截止到2022年6月，宝卓累计推广应用面积达到1.2亿亩次，为农户挽回经济损失累计超过百亿元人民币，成为我国杀螨剂市场上的第一品牌，成为全国植保市场杀虫剂畅销品牌产品，是最受农民欢迎的杀螨剂。

中国中化集团有限公司董事长宁高宁在一次会议上问李斌：宝卓的发现完全是一种偶然吗？这其实是一个很难回答的问题。单就这个项目而言，只是将腈吡螨酯吡唑环上的一个甲基替换成乙基，就成功开发出了乙唑螨腈，看起来似乎是非常简单、偶然的。但是，这种简单替换却是建立在长期的科研积累以及对前人研究进行深入系统分析总结的基础之上的，看似偶然，实则是一种必然！

乙唑螨腈
——螨卵兼杀　保叶靓果

78. 高粱的福星——喹草酮

提起高粱，人们首先想到的可能就是诺贝尔文学奖获得者莫言的成名小说《红高粱》，而据此改编的电影及电视剧《红高粱》更是家喻户晓，电影主题歌《妹妹你大胆地往前走》和电视剧片尾曲《九儿》，被广为传唱，一度红遍大江南北。

我国种植高粱已有5000多年的历史。由于高粱具有抗旱、抗涝、耐盐碱、耐贫瘠的特点，适应力超强，无论是在非常贫瘠的土地上，还是在气候多变的丘陵地带，高粱都可以获得丰收。因此，在生产技术落后、战乱频发、吃了上顿没有下顿的古代，为了留一点救命粮，几乎家家户户都要种植高粱。正因为如此，高粱也曾一度成为我们先祖赖以生存的基础。除了作为口粮，高粱还是酿酒的最佳原料，高粱富含的鞣质赋予了白酒特有的醇香。"天下美酒出高粱"，我国八大名酒无一不是以高粱为原料酿制的，其中茅台酒还必须用我国特有的红缨子高粱酿造。可以说，没有高粱，就没有中国的美酒文化。高粱也因此成为一种蕴含中华民族传统文化的特色经济作物，其在逆境中的顽强生命力正是中华民族不屈不挠精神的体现。

除草是种植高粱必须要面对的难题。据统计，杂草通过与高粱争水、争肥、争光照，每年可使高粱减产10%～30%，严重时高达50%。早期，由于劳动力成本低，种植高粱主要靠人工除草。但如今，人工除草已经不现实了。所以，杂草防控成为制约现代高粱产业发展的关键技术瓶颈。但遗憾的是，高粱是一种对农药异常敏感的作物，长期以来缺乏可以安全应用于高粱地的化学除草剂，导致劳动效率无法提高，这极大挫伤了农民种植高粱的积极性，高粱的种植面积从建国初期的3000多万亩下降到现在的1000万亩左右，高粱供给远无法满足国内市场需求。因此，开发高粱地除草剂也就成为高粱产业发展所面临的一项极为迫切的现实需求。

2020 年 12 月，农业农村部批准了高粱地除草剂喹草酮的正式登记。喹草酮是由华中师范大学和山东先达农化股份有限公司（A 股上市企业）联合创制的新型除草剂，是世界上第一个可以安全应用于高粱地的选择性除草剂。喹草酮的问世，解决了野糜子、虎尾草、狗尾草、稗草等高粱田恶性杂草防控的技术难题，突破了长期以来制约高粱产业发展的关键技术瓶颈，为推动高粱及白酒相关产业的高质量发展提供了关键科技支撑。

喹草酮的试验代号为 Y13161，其中 Y 代表华中师范大学杨光富教授研究组，"13"表示 2013 年，"161"表示该实验室在 2013 年所合成的新化合物的序号。Y13161 最初是利用计算机辅助设计技术发现的一种除草活性化合物，属于喹唑啉二酮类衍生物。在此之前，以前所有商品化农药分子中从来没有出现过喹唑啉二酮这种化学结构类型。因此，杨光富教授和他的团队对这种新颖的化学骨架非常感兴趣，开展了较为系统的结构优化研究，设计合成了 100 多个新化合物，通过除草活性测试发现很多化合物都表现出优异的除草活性。由于他们早在 2008 年就和世界排名第一的农化企业先正达公司签订了合作协议，所以他们就把筛选发现的高活性化合物全部送往先正达公司进行活性验证，2015 年 3 月结果反馈回来后，杨光富就和南开大学席真教授一起前往济南，找山东先达农化股份有限公司的董事长王现全探讨合作的可能性。他们根据先正达的筛选结果，挑选了 3 个对玉米比较安全，同时除草活性也很高的化合物（试验代号：Y13161、Y13287、Y13297），于 6 月到海南开展田间试验。8 月份，他们三人一起去海南观察田间试验。结果发现，化合物 Y13287 和 Y13297 的活性最高，但对玉米的安全性不太理想。Y13161 对玉米的安全性非常好，除草活性与商品化除草剂硝磺草酮相当甚至略优，但与德国巴斯夫公司开发的玉米田除草剂苯唑草酮相比还有较大差距。本来一开始，先达股份的目标市场是玉米，但玉米地的除草剂品种已经有很多了。看到海南的实验结果后，感觉这几个化合物在玉米田除草剂市场的竞争优势不明显，所以一直犹豫不决。在后来的一次讨论会上，杨光富提出，先正达筛选结果表明Y13161不仅对玉米安全，而且对高粱也具有很好的安全性（这里需要说明一点，由于高粱异常敏感，所以国内新农药创制的作物安全性筛选模型中，通常不包括高粱），是否有可能作为高粱田除草剂进行开发呢？这才促使大家把注意力从玉米转移到高粱上来。经过后来的反复调研和实验验证，发现高粱地除草剂还是一个市场空白，最终决定把Y13161作为高粱田除草剂进行产业化开发，并命名为（国际ISO通用名：benquitrione）。2016年初正式启动农药登记，历时五年时间完成了全部登记试验，于2020年12月取得正式登记证。喹草酮具有完全自主知识产权，已经获得中国、美国、欧洲等十多个国家和地区的专利授权。由于喹草酮具有非常新颖的分子结构以及优异的性能，引起了拜耳公司等多家国内外企业的关注和跟踪模仿，这表明我国的农药创制研究已经进入世界农药科技创新的前列。

喹草酮之所以可以除草，是因为它可以抑制杂草体内一种名为对羟基苯基丙酮酸双加氧酶的活性，进而干扰杂草的光合作用，致使杂草出现白化症状而逐渐死亡。喹草酮不仅活性高，而且杀草谱广，在10g/亩的剂量下对禾本科杂草及多种阔叶杂草均表现出优异的除草活性，尤其对野糜子、野黍、狗尾草等高粱田的恶性杂草具有特效。特别需要指出的是，喹草酮对哺乳动物毒性极低，其LD_{50}值大于5000mg/kg，对蜜蜂、鱼、鸟、蚕等环境生物也是低毒，显示其对环境友好。自2016年以来，先达股份联合国内17个省数十家科研单位在全国高粱主产区开展了数千次田间试验示范，成功摸索出一套针对不同区域高粱田的喹草酮田间应用技术，喹草酮也成为高粱种植户除草的首选。特别是在规模化种植、订单农业等现代生产模式下，"粱满仓"牌喹草酮悬浮剂成为高粱种植的必需品，"要想高粱装满仓，就用先达粱满仓"成为高粱种植户的流行语。由于喹草酮的面市，一些新兴的高粱种植也有了推广抓手。例如，以前由于人工除草压力大，成本高导致无法推广种植的青贮甜高粱也开始实现规模化种植。经过几年的推广，喹草酮得到了业内专家及高粱种植户的高度认可，被称为高粱的"福星"，荣获第 24 届中国专利金奖。

79. 一次"失败"的现场测产会——
一个关于芸乐收的故事

2019 年 7 月 9 日上午，在江西省鄱阳县油墩街，一场有 500 多人参加的水稻测产现场会正在进行。试验田的主人老吴非常兴奋，因为这是他期待已久的日子，他终于可以让大家见证一款称为"芸乐收"的提质增产剂的神奇效果。

说这话的时候，老吴内敛的笑容中透着一股自信。从开始创建示范田到测产，他自己背着药筒，严格按照说明书的要求喷施了 3 遍芸乐收，他满怀信心地说："我种地这么多年，这稻子下地一蹚，两边一比，用了芸乐收的地块每亩多收 200 斤没一点问题！"

现场测产都是实打实收：把收割机开到地里，当场把打过芸乐收和对照田块的水稻全收出来，现场过磅、称重、折亩产量、计算增产。

但是，老天爷有点不给面子，雨下了一天一夜，直到早上快 9 点才停下来，要不然测产会就得改期了。收割机开始收割后，大家都开始猜测究竟能增产多少斤：250 斤、300 斤、400 斤……

验仓、收割、验秤、称重、量面积、算产量……测产的每个步骤都在众目睽睽之下有序进行，终于，测产结果出来了："打过芸乐收的水稻，比常规用药对照田，折合亩产，减产 8 斤。"

"哗"的一下，现场就炸开了锅！不解、不信、质疑、议论，种种声音混在一起，喧闹程度甚至超过了车水马龙的城市街道。很多农户也都阴沉着脸，似乎在等一个说法，现场气氛冷到了冰点。

老吴更是不解，期待已久的怎么会是这么个结果呢！多年的种植经验告诉自己，单凭水稻的长势和沉沉的稻穗，就可以知道使用芸乐收的地块肯定是增产的啊，怎么会减产呢。肯定是哪个环节出问题了。于是，他要求核查测产的每个环节：确认收割的区域、核对测量的面积、称重的重量、收割机的谷仓……

但反反复复确认了一遍又一遍，数据显示确实是减产 8 斤……

老吴的脸一下子就耷拉到地上了！这时，一位老大爷拍了拍他：

"老吴啊，你们这样测产肯定是有问题的。"

"什么问题？您快给我说说。"

"昨天下了一整天雨，雨刚停下来没多久你们就开始收，那稻谷上的水珠还没干透呢。你们首先收割的是喷施芸乐收的地块，这时候机器的谷仓是干的。收下来的谷粒和杂质被雨水裹在一起，顺着收割机的滤网就甩出去了。等你们再收割对照田块的时候，收割机的滤网已经差不多被堵死了，杂质也就根本排不出来了，结果就都混在谷仓里占重量。"

听到这，老吴似乎明白了是咋回事！老大爷接着说："凡是开过收割机的都知道这其中的道理。假如你们先收割的是对照田块，再收割喷施芸乐收的地块，那会测出来增产 400 斤都不止，你信不信？"

听到这，老吴马上下到地里，仔细查看芸乐收和对照区域收割机喷出来的杂质，随机取了相同数量的几个点摆在一起，一粒一粒地查看两边喷出来了多少谷粒，结果发现确实像老大爷说的那样……

这时候，老吴一颗悬着的心总算落地了。参加现场会的农民也纷纷议论起来了：

"我用芸乐收三年了，效果好坏是一目了然的，居然测出来减产，实在是太荒唐了。"

"两个地块一比较，压根就不用测，只要是个种地的，一看就能看出增产。我种了几十年地，这个增产 200 斤一点问题都没有。"

"老吴没经验，不知道下雨天是不割谷的。今天是真赶巧了，哈哈。"

"用芸乐收肯定增产！我的水稻田去年增产了289斤，今年又在油菜地用，打了两遍，亩产差不多500斤！"

增产这么明显，那芸乐收究竟是一种什么样的产品呢？

芸乐收是一种新型作物提质增产剂，主要成分为芸苔素内酯、吡唑醚菌酯，以及一种含磷、钾、锌、氮及壳聚糖等元素的助剂。其中，芸苔素内酯是一种天然的植物生长调节剂，具有抗病、壮苗、抗逆、增花保果、提高产量、改善品质的作用，还能使植物叶片色泽艳丽，叶片更厚实。吡唑醚菌酯是德国巴斯夫公司研发的一种高效、低毒的新型绿色农药，不仅具有广谱的杀菌活性，几乎对所有真菌类（子囊菌亚门、担子菌亚门、卵菌纲和半知菌亚门）病害都具有很好的防治效果，而且还具有"植物保健品"的功效，使作物更加健康，提高产量。芸乐收可以应用于小麦、花生、水稻、蔬菜、果树、烟草、茶树、观赏植物、草坪等各种作物，在提高作物产量15% ~ 50%的同时，还可以明显提升农产品品质，成为近年来受到广大农民追捧的明星产品。

80. 绿色农药助力乡村振兴

自从党的十九大报告首次提出实施乡村振兴战略以来，党中央和国务院围绕打赢脱贫攻坚战、实施乡村振兴战略作出一系列重大部署，出台了《乡村振兴战略规划（2018～2022年）》等一系列政策举措，乡村振兴战略成为新时代"三农"工作的总抓手。

确保粮食安全始终是治国理政的头等大事。2018年以来，中共中央连续出台五个关于乡村振兴的中央一号文件，把立足国内保障粮食等重要农产品有效供给和促进农民持续增收作为实施乡村振兴战略的重要内容，要牢牢守住保障国家粮食安全和不发生规模性返贫两条底线。2022年的中央一号文件更是把抓好粮食生产和重要农产品供给摆在首要位置，目的就是把14亿中国人的饭碗端得更稳更牢固，饭碗主要装中国粮。然而，近年来我国农业有害生物一直呈加重发生的态势，特别是草地贪夜蛾等外来入侵生物、有害生物抗药性爆发等，给农业生产安全构成严重威胁，我国的粮食安全和农产品有效供给面临严峻挑战，而绿色农药是防控农业有害生物的重要战略物资，在实施乡村振兴战略中发挥着重要作用。

建设崇明世界级生态岛是上海市实施乡村振兴战略、打造现代都市农业高地的典型案例。2018年起，崇明就启动了绿色农资封闭式管控工作，建立了农药封闭式管控体系，包括政策保障、品种推荐、门店供应等环节。门店供应体系由1个总仓和16个农资门店组成，总仓位于崇明岛中部，是全区绿色农资存储配送中心，16个农资门店分布在崇明的16个农业乡镇，负责开展绿色补贴农药的供销服务，所有门店实行信息化管理，实现绿色补贴农药"销售、配送、回收"一体化运营。与此同时，还专门成立了绿色农药推荐委员会，由组织技术部门推荐、行业专家评审结合崇明土地土壤情况、农作物种植特点等制定绿色农药推荐目录，目录经公开公示后，推广应用于农业生产防治，引导农户合理使用绿色农药。崇明就是通过这样的封闭式管控体系，为绿色农产品上了一道"安全锁"，有效保障了农业生产安全和农产品质量安全。

秉承着做"干净茶""生态茶"的理念，贵州茶产业成为近年来我国山地特色农业绿色发展助力乡村振兴的一个最具代表性的案例。贵州省的88个县中有78个县种植茶叶，种植面积700余万亩，从业人口达340.3万人。为了解决茶产业发展过程面临的病虫草害防控难题，贵州省成立了以宋宝安院士领衔的贵州茶叶绿色防控团队，构建了"生态为根、农艺为本、生防为先"的绿色防控技术体系，大力推行"以虫治虫、以草抑草、免疫诱抗"的防控措施，形成了"冬季药剂封园、春季天敌防治和免疫诱抗、夏秋生物农药控制害虫峰值、静电喷雾提高药剂利用率"的茶树病虫害绿色防控技术模式，制定了《贵州省茶树病虫害绿色防控技术方案》和《贵州省茶树病虫害绿色防控产品应用指导名录》，建起了茶园投入品绿色专柜对茶农茶企进行实地培训。绿色防控技术全面推广，大大减少了农药的施用量。以草抑草，覆草为肥，增加了土壤的有机质，改善了土壤的通透性，节减了肥料的投入，产生了良好的生态效益、社会效益和经济效益。2017年1月10日，农业部向贵州颁授了"贵州绿茶"地理标志证书，这是第一次将一个省域生产的绿茶全覆盖地纳入国家地理标志保护，"贵州绿茶"声名鹊起。2021年，贵州省实现茶总产量46.99万吨，总产值570.95亿元人民币，出口8321.9吨，创汇近3亿美元，贸易遍及世界30多个国家和地区，茶叶成为贵州第一大出口农产品，11个县入选2021年度中国茶业百强县，其中贵州遵义湄潭县连续2年位列百强县榜首。

民族要复兴，乡村必振兴。实现中华民族伟大复兴，最艰巨最繁重的任务依然在农村，最广泛最深厚的基础依然在农村。在百年未有之大变局的时代背景下，应对国内外各种风险挑战，基础支撑在"三农"，迫切需要稳住农业基本盘，守好"三农"基础。绿色农药在确保农业稳产增产、农民稳步增收、农村稳定安宁方面一直发挥着重要作用，助力乡村振兴战略目标的实现。

81. 农药究竟是"魔鬼"还是"天使"？

当人们忙碌了一天，回到家中，看到一桌热气腾腾、香气四溢的美味佳肴时，生活的幸福感油然而生！在享受美味的同时，我们可曾想到这背后还有农药的功劳呢。

一谈到农药，人们首先想到的是农药是有毒的，给食品安全带来了很多问题。可是，农药的满腹委屈却无处诉说。就如同蝴蝶一样，在人们心目中有截然不同的两种看法：有人说蝴蝶美丽而高贵，做成标本供人观赏，令人赏心悦目；有人却说蝴蝶是令人恶心的"毛毛虫"，不仅危害植物，还传播病菌。为什么同样的东西，人们会有截然不同的看法呢？农药究竟是魔鬼还是天使呢？

在远古时代，农业生产水平极其低下，解决吃饱饭问题是当时的头等大事。所以，农药一诞生，就成为了人类的"天使"。因为，它帮助人类控制了危害农业生产的病虫害，从虫口中夺取了本属于我们的粮食，使更多的人能够吃饱肚子。不仅如此，还帮助人类控制了媒介昆虫传播的传染病，挽救了无数人的生命。例如，DDT 一出现，就因为其卓越的杀虫性能，赢得了"万能杀虫剂"的称号，很快就风靡全球。在第二次世界大战期间，DDT 对疟疾、伤寒和霍乱的主要传播媒介——疟蚊和苍蝇的防治效果极为突出，因此拯救了亿万人的生命，一度被人们誉为"天使"，发现 DDT 杀虫活性的瑞士科学家穆勒博士也获得 1948 年诺贝尔生理学或医学奖。然而，受限于当时的科学发展，人们没有认识到 DDT 这类有机氯杀虫剂在环境中很难降解，而且还可以在食物链中富集，加上当时的农药管理制度建设还非常欠缺，导致 DDT 在全世界范围内无限制使用，结果连在根本就没有使用过农药的南极地区的企鹅体内以及在北冰洋 50m 深的冰层中都检测到了这类杀虫剂，造成了严重的环境污染问题。这时候，人们才发现当初的"天使"已经变成了"魔鬼"。

事实上，人类对农药的认识经历了一个逐步深化、不断提高的过程。早期，为了解决温饱问题，农药研发的首要目标是高活性。只要能够有效杀死有害生物，成本低，就可以成为一个农药。至于是否有毒、残留是否达标、是否对有益生物和环境生态安全，这都是不需要考虑的。农药被大规模应用后，温饱问题基本得到解决，但农药的安全性问题开始不断显现，人们开始认识到农药不仅要高效，而且还要安全。而关于农药安全的认识，也还存在一个逐步提高的过程。最初，需要考虑的是对人和哺乳动物是否安全，而对其他环境生物的安全性并没有得到重视。例如，2000年前后进入市场的新烟碱类杀虫剂是杀虫剂中的一大类，其中吡虫啉和噻虫嗪的年销售额高居杀虫剂榜首。尽管它们对人畜都是低毒、安全的，但它们对蜜蜂却是剧毒的，由于大面积的使用造成蜜蜂的"蜂群崩溃症"，使得蜜蜂数量大幅减少，影响了生态环境，在欧盟和澳大利亚已被禁用和限用，蜜蜂毒性也成为新杀虫剂登记评审中的"一票否决"因素。近年来，有多个农药品种由于对环境生物的安全性问题而被禁止使用或限制使用，体现了农药安全性评价的不断升级。特别是2017年《农药管理条例》修订后，我国的农药登记评审原则已经从过去的单纯"有效性"评价转变成"安全性、有效性"双重评价，安全性评价成为新农药登记评审的第一要素，只要是高毒，活性再好也不可能成为商品化农药了！

　　解决了温饱问题之后，人类希望能够吃得好、吃得安全。一个时期内，一些高毒农药的滥用，导致因农药残留超标造成的食品安全事件频繁发生，"农药残留"成为很多社会公众"谈之色变"的词汇。有农药残留就是不安全的，就是有毒的，似乎已经植入了很多人的内心。为了加强高毒农药的管理和保障食品安全，我国先后有50种农药被禁止（停止）使用，还有16种农药被明确限制使用范围。到

2024年，我国将基本上实现全面禁止高毒农药，农业生产中使用的农药将主要是低毒、低残留品种。

农药是现代农业不可或缺的投入品，只要使用农药，农产品中就一定会有农药残留，但有残留并不意味着不安全。"农药残留"和"农药残留超标"是两回事，只有超标的农药残留才是不安全的。2021年9月，《食品安全国家标准　食品中农药最大残留限量》（GB 2763—2021）标准正式实施。新版农药残留限量标准规定了564种农药在376种（类）食品中10092项最大残留限量，标准数量首次突破1万项，达到国际食品法典委员会（CAC）的近2倍。

如果滥用农药，造成农产品的农药残留超标，责任在人，而不在药！"魔鬼"还是"天使"，其实就在一念之间！毫无节制地滥用，不断膨胀的贪欲，再好的"天使"也会变成"魔鬼"。相反，只要我们心存敬畏，尊重科学，即便是"魔鬼"也可以转变为"天使"，并使"天使"常驻人间，为人类创造更美好的生活！

参考文献

[1] 中国农业百科全书·农药卷.北京：农业出版社，1993.

[2] 费有春，徐映明.农药问答.第3版.北京：化学工业出版社，1998.

[3] 虞轶俊，施德.农药应用大全.北京：中国农业出版社，2008.

[4] 洪华珠，喻子牛，李增智.生物农药.武汉：华中师范大学出版社，2010.

[5] 杨华铮，邹小毛，朱有全，等.现代农药化学.北京：化学工业出版社，
2013.

[6] 李正名.中国农药科技界著名老专家传略.天津：南开大学出版社，2017.

[7] 李正名，李芳.南开大学元素有机化学研究所五十年史录.天津：南开大学
出版社，2019.

[8] 顾旭东.中国农药七十年发展录.北京：化学工业出版社，2020.

[9] 吴文君，胡兆龙，姬志勤，等.中国植物源农药研究与应用.北京：化学工
业出版社，2021.

[10] 国务院2017年颁布的《农药管理条例》及其相关配套管理办法，详见农业
农村部网站.